特 种 肥 料

陈 娟　王孝忠　主编

中国农业出版社
北 京

图书在版编目（CIP）数据

特种肥料 / 陈娟，王孝忠主编. -- 北京：中国农业出版社，2024.6. -- ISBN 978-7-109-32209-7

Ⅰ．S147.2

中国国家版本馆 CIP 数据核字第 202421TV60 号

特种肥料

TEZHONG FEILIAO

中国农业出版社出版

地址：北京市朝阳区麦子店街 18 号楼

邮编：100125

责任编辑：魏兆猛

版式设计：王　晨　责任校对：吴丽婷

印刷：中农印务有限公司

版次：2024 年 6 月第 1 版

印次：2024 年 6 月北京第 1 次印刷

发行：新华书店北京发行所

开本：880mm×1230mm　1/32

印张：4.75

字数：140 千字

定价：38.00 元

编　委　会

主　　编　陈　娟　王孝忠
副主编　武　良　范珊珊　陈素贤　张　蕾
编写人员（按姓名笔画排序）

　　　　　王　刚　王　梦　王孝忠　邓松华
　　　　　叶坤国　吴长春　张　蕾　陈　娟
　　　　　陈素贤　武　良　范珊珊　周丽群
　　　　　赵旭剑　雷伟伟

前　言

FOREWORD

　　肥料是农业生产最基础且最重要的生产资料之一。施肥不仅能提高土壤肥力，而且有助于提高作物单位面积产量，在推动农业发展中具有重要作用。但目前生产上存在着化肥过量施用和不合理施肥问题，不仅增加农民投入，而且导致土壤性状恶化、农产品质量下降、农田土壤环境风险加剧。为解决这些突出问题，近年来，特种肥料研发和应用得到蓬勃发展。特种肥料是一类采用特殊材料、特殊工艺生产出来的具有较好功效的特殊肥料。为了让读者更加充分了解特种肥料特性、施用技术及应用效果，促进其应用推广，我们编写了《特种肥料》一书。

　　本书主要介绍了特种肥料概念及种类、作用机理、施用方法及应用效果。全书共10章，其中第1章介绍了特种肥料概述，第2章介绍了缓控释肥料，第3章介绍了水溶性肥料，第4至10章分别介绍了生物有机肥、土壤调理剂、微生物菌剂、肥料增效剂、增值类肥料、稳定性肥料和生物刺激素。本书编写过程中参考了诸多专家学者已公开发表的研究成果等，在此表示衷心感谢。

本书可供基层农业技术推广部门、肥料生产企业和农资经营等技术与管理人员及种植户阅读，也可供高等农业院校相关专业师生参考。

由于特种肥料涉及研究和应用领域广泛、内容丰富，加之编者水平有限，书中难免存在疏漏和不足，敬请读者批评指正。

编　者

2024 年 4 月

目 录
CONTENTS

前言

第1章 特种肥料概述

1.1 特种肥料概述

特种肥料是指采用特殊材料、特殊工艺生产出来且具有较好功效的特殊肥料。其主要优点在于成本低、经济效益高，符合减肥、增效的现代农业发展要求。特种肥料区别于氮、磷、钾肥等产品，具有新技术和独特加工工艺，能大幅度提高肥料利用率，减少浪费，减少施入土中的元素，还具备一些特殊功能和功效。其主要优点在于成本低、经济效益高，符合"高效环保、低碳节能"的发展要求。特种肥料包含范围广泛，有水溶性肥料、稳定性肥料、缓控释肥料、生物有机肥、微生物菌剂、复合微生物肥料、土壤调理剂等。

1.1.1 水溶性肥料

广义上的水溶性肥料是指能够完全快速溶解于水中，用于滴灌施肥和喷灌施肥等用途的二元或三元肥料，可添加中量元素、微量元素等。与普通肥料相比，水溶性肥料具有养分全面且含量高、水不溶性物质少、形态多样、功能多样等特点。水溶性肥料根据物理形态可分为固体和液体，固体又可分为颗粒和粉末，液体又可分为清液和悬浮。根据功能，水溶肥料可分为营养型和功能型。营养型主要提供作物所需养分，包括大量元素、中量元素和微量元素；功能型则添加了植物、动物和矿物来源的功能性物质，如含腐植酸、氨基酸和海藻酸的有机水溶肥料，可以改良土壤、促进作物生长和提高作物质量。国家标准明确规定了大量元素水溶肥料、中量元素水溶肥料和微量元素水溶肥料中各元素的最低含量要求。其中，大量元素水溶肥料中大量元素含量不得低于 50％，中量元素水溶肥料中中量元素含量不得低于 10％，微量元素水溶肥料中微量元素含量不得低于 10％。此外，水不溶物的含量严格要求不高于 5％，稀释 250 倍后的含量不得低于 10％。另外，稀释 250 倍后的肥料溶液的 pH 必须控制在 3.0～9.0。

1.1.2 稳定性肥料

稳定性肥料，即长效缓释肥，是指在肥料的生产过程中添加脲酶抑制剂或硝化抑制剂，或者同时添加两种抑制剂的肥料。脲酶抑制剂和硝化抑制剂是稳定性肥料的技术核心。脲酶抑制剂和硝化抑制剂统称为抑制剂，脲酶抑制剂通过抑制土壤脲酶活性延缓尿素水解为铵态氮，从而延长尿素的肥效；硝化抑制剂通过抑制硝化和亚硝化细菌的活性，抑制铵态氮的硝化作用，从而延长铵态氮类肥料的肥效并减少硝态氮的形成、淋失以及随后的反硝化损失。2013年，国家在将稳定性肥料纳入生产许可证管理时，将稳定性肥料分成了以下 3 类：①稳定性肥料Ⅰ型。只在肥料中添加脲酶抑制剂的肥料。②稳定性肥料Ⅱ型。只在肥料中添加硝化抑制剂的肥料。③稳定性肥料Ⅲ型。同时添加两种抑制剂的肥料。稳定性肥料良好的农学效应和环境效益为是实现农业节本增效的重要途径之一。稳定性肥料（中国科学院沈阳应用生态研究所专利技术）具有延长氮肥肥效、提高肥料利用率、可一次性施肥免追肥、减少投肥量、降低农业生产成本、使农民增产增收等优点。

1.1.3 缓控释肥料

缓释肥料是通过氮素养分的化学复合或物理作用，让作物有效态氮素养分随着时间而缓慢释放；控释肥料则是通过预先设定氮素在作整个生长季节的释放模式来调控其释放机制。目前我国化工行业标准《缓控释肥料》（HG/T 3931—2007）规定缓控释肥料的定义为：以各种调控机制使其养分最初释放延缓，延长植物对其有效养分吸收利用的有效期，使其养分按照设定的释放率和释放期缓慢或控制释放的肥料。由于缓控释肥料具有减少施肥量、节约化肥生产原料（煤、电、天然气）、提高肥料利用率、减少生态环境污染等优点，因此被称为"21世纪高科技环保肥料"，成为肥料产业的发展方向。而缓控释肥料主要根据肥料的生产工艺和加工方式的不同分为包膜型控释肥、化学合成缓释肥料。包膜型控释肥是以传统的化学肥料颗粒为核心，用半透性或难溶性的材料对肥料进行包裹制成的肥料，可以使养分释放出来的速度变慢；化学合成缓释肥料是以尿素为主要原料，加入适量的醛类物质通过一系列的化学反应生成的缓释肥，施入土壤后在微生物的作用下发生化学反应后肥料水解，养分释放进入土壤被作物根系吸收利用。

1.1.4　生物有机肥

　　生物有机肥具体是指将具有某些特定生态功能（促进植物生长、抵御病原微生物侵染等）的微生物物种与有机（类）肥料（将动物粪便或植物残体进行无害化腐熟处理获得）进行混合，通过二次发酵技术研制成的一类兼具微生物和商品有机肥两大功效的功能型有机肥料。根据微生物具备的生态功能特征，可以将生物有机肥分为促生型生物有机肥和防病型生物有机肥两大类。由于生物有机肥中既含有普通商品有机（类）肥料所包含的植物所需的有机和无机养分，又含有具备特定生态功能的植物益生微生物，因此生物有机肥兼具了化学肥料、商品有机（类）肥料和普通微生物肥料所具有的大部分基础功能。其功能主要包括：①促进作物生长，提高作物产量，改善作物品质；②增加土壤有机质，提升土壤肥力，改善土壤基本理化特性；③调控土壤微生物群落结构组成与生态功能，维持土壤微生物生态系统平衡。此外，生物有机肥中的优质养分还可以为肥料引入的外源微生物的有效定殖和功能发挥提供保障，进一步提升了肥效。因此，生物有机肥在改良土壤环境、调控土壤微生物群落生态功能、提高作物产量和品质、维持农业生产的可持续发展等方面具有广阔的应用前景。

1.1.5　生物刺激素

欧洲生物刺激素工业委员会（EBIC）将其定义为：含有某些物质或微生物，将其用于植物植株或其根际，刺激植物的天然过程（如改善植物的营养吸收、营养利用、非生物胁迫抗性及产品质量）的材料。生物刺激素分为 9 类，分别为：腐植酸类物质、氨基酸类物质、海藻提取物、褐藻酸及褐藻寡糖、无机盐、微生物、甲壳素和壳聚糖衍生物、抗蒸腾剂、微生物代谢产物。根据其不同的作用机制及应用方式，生物刺激素在农业中广泛应用。腐植酸类物质主要适用于根茎类作物、大叶作物、小麦和水稻等，能够显著改善产量；氨基酸类物质主要用于植物叶片和土壤，可以改善作物生态环境，并有效抑制病虫害；海藻提取物用于叶面肥、土壤和种子催芽等，效果显著；褐藻素及褐藻寡糖作为新兴的生物刺激剂，在叶面肥和冲施肥中取得了好效果；无机盐类物质主要应用于土壤，对土壤酸碱度、杂草生长和作物品质提升都有明显作用；微生物菌剂主要用于土壤，可以调节根系环境；甲壳素和壳聚糖衍生物主要应用于叶片，也适用于种子处理和土壤管理；抗蒸腾剂可以帮助植物达到水分平衡状态，主要应用于根部和叶片；微生物代谢产物在土壤管理和种子萌发方面应用广泛，效果理想，但需要进一步研究应用。生物刺激素作为新产品对于提高农作物产量和品质具有重要意义。

1.2　特种肥料发展现状及趋势

1.2.1　特种肥料发展现状

20 世纪 50 年代以来，化肥工业逐渐从传统化肥向特种化肥过渡。欧美发达国家开发特种肥料并应用于农业，包括硫包膜、聚合物包膜肥料等；德国的硝化抑制剂产品 DMPP、美国的脲酶抑制剂产品 NBPT 在全球农业广泛应用；美国和以色列的水肥技术应用最广泛，它们占有水溶肥市场的很大份额；全球有 70 多个国家推广使用微生物肥料，其中欧美国家发展最快；我国相对较晚开始研发特种肥料，但 2000 年后，特种肥料研究得到国家的重点支持。政府制定了一系列政策推动特种肥料技术和产业的发展，我国已成为全球特种高效肥料研发的热点。目前，我国正处于从高浓度化肥向绿色高效肥料转变的关键时期，特别是随着双碳和农业绿色发展战略的实施，我国的绿色肥料产业体系正在快速构建和发展[1]。

　　我国比世界上任何一个国家都更需要特种肥料，这是由人多地少的国情决定的。同时，化肥长期过量使用，导致一系列问题——土壤持续生产力出现障碍、农产品质量安全问题日益严重。根据《2020 年全球特种肥料市场趋势与猜测报告》数据显示，2015—2020 年，全球特种肥料市场将以 7.0％的复合年增率增长至198.85 亿美元，中国市场预计将成为亚太特种肥料市场中增长最迅速的市场，印度紧随其后。近 10 年来，随着我国化肥工艺技术的进步、新型肥料产业突飞猛进的发展，我国已经成为全世界使用新型肥料最多的国家，施用量已经占世界总量的 40％[2]。

1.2.2　特种肥料发展趋势

　　根据数据显示，目前我国特种肥料的施用量只占整体肥料使用量的约 10％，化肥仍然是的主要施肥种类。特种肥料发展和推广受到多方面制约，首先是在生产环节上，特种肥料的成分复杂、生产工序多，企业需要投入更多资金来进行技术改进升级。这些因素增加了企业的生产成本，导致特种肥料的市场价格居高不下。其次，在销售环节上，特种化肥经过冗长的营销链条层层加价，销售商为了扩大销售量而降低价格，减少了利润空间，影响了销售人员的积极性。最后，在使用环节上，肥料销售商缺乏专业的肥料知识，未能给农民正确指导，导致农民对特种肥料了解不足，使用意愿低[3]。

　　特种肥料工艺也有一系列需要改进的问题。首先，应该注重产业技术的绿色升级，通过应用无毒、可降解的新材料和发展新型智能肥料来提高绿色发展水平。其次，要促进专用肥料的发展，助力精准施肥。为了实现气候-土壤-作物匹配，需要推广新型区域专用肥和作物专用肥，进一步提高肥料利用率。在推进特种肥料时，应注重开发与水、肥、药机械一体化相适应的特种肥料，如智能包膜材料、悬浮肥料和水溶性生物伴生激素叶面肥等[4]。

　　2015年，农业部制定的《到2020年化肥使用量零增长行动方案》提出后，从生产企业到销售企业，再到农资经销商，都在响应国家号召，基本上遏制了盲目施肥和过量施肥的现象，机械施肥占比增长，特种肥料在农产品品质保障和食品安全提升方面发挥了显著作用。随着城市消费力和消费品质的逐渐上升，越来越多人愿意多花钱购买高品质的农产品，那么对于终端种植户来说，生产出高品质的农副产品尤为重要。而农业生产由于长期掠夺性经营，农业生态环境被破坏，所以土壤调理剂、微生物菌剂、含微量元素肥料的需求增加。土壤问题亟须解决、农产品品质有待提高，给了特种肥料较大的发展空间。

　　市场上特种肥料的价格相差非常大，生产企业应该集中力量推进技术创新，强化管理、整合资源，提高产品质量、降低生产成本，使特种肥料的价格趋于理性化。特种肥料的推广不能仅存在于炒作，必须要有合理的投入与产出比例，在作物的不同生长季节，使用不同的肥料，每一次投入都应该有相应的收益。因此对于经销商而言，销售特种肥料必须掌握相关技术知识，能够成功布置示范田进行展示，做好农化服务，让更多的种植户接受特种肥料。

─── **参 考 文 献** ───

[1] 丁文成，何萍，周卫. 我国新型肥料产业发展战略研究 [J]. 植物营养
　　与肥料学报，2023，29（2）：201-221.

[2] 冯尚善.新型肥料产业现状分析与发展展望 [J].磷肥与复肥,2022,
37 (7):9-11.

[3] 许祥富,林明义.我国新型肥料的研究现状及在水稻上的应用进展 [J].
安徽农业科学,2021,49 (7):17-19,29.

[4] 张杰.我国新型肥料发展现状及产业定位 [J].磷肥与复肥,2022,37
(6):7-9.

第 2 章　缓控释肥料

2.1　缓控释肥料概述

2.1.1　缓控释肥料的定义

缓控释肥料是具有延缓养分释放性能的一类肥料的总称，在概念上可以进一步分为缓释肥料和控释肥料。但是缓释肥料和控释肥料一直没有严格的区分。缓控释肥料（slow and controlled release fertilizer，简称 SRF 和 CRF）中的 controlled 和 release，中文称之为"控制"和"释放"。

缓释肥料（SRF）是指通过养分的化学复合或物理作用，使其对作物的有效态养分随着时间而缓慢释放的化学肥料[1]。这类肥料通过技术措施限定肥料养分释放过程，使化学物质形态的养分释放速率远小于其自然释放速率，但是养分释放速率快慢过程不可控，受肥料自身特性和环境条件影响。主要指脲甲醛和无机包裹肥料等产品类型。

控释肥料（CRF）是指通过各种调控机制预选设定肥料在作物生长季节的释放模式（释放时间和速率），使其养分释放与作物需肥规律相一致的肥料。其内涵是指通过加工控制，使得化学态养分的释放速率能够达到设定的释放模式，这种养分释放模式可以与某些植物养分吸收的规律相对应。主要指聚合物包膜肥料。

2.1.2　缓控释肥料分类

缓控释肥料的种类较多，分类方法也很多。根据缓控释肥生产过程可以分为缓释和控释两个主要类型[2]（曾宪坤，1999）；根据不同溶解性释放方式可划分为微溶性无机含氮化合物、降解性因素控制水溶性肥料、微溶性有机含氮化合物[3]（张民等，2001）；根据化学组成不同可划分为吸附缓释肥料、缩合物、混合缓释肥料、包裹缓释肥料、缩合物或聚合物缓释肥料[4]（陈强，2000）；根据不同化学性质可以划分为化学合成微溶性无机化合物、化学合成微溶性有机化合物、包膜添加成氮肥和加工过的天然有机化合物[5]（邹箐，2003）。

缓释肥料包括通过化学反应制成的缓释肥料，如草酰胺、脲甲醛、脲异丁醛等；在普通化肥中加入生化抑制剂所得的缓释肥料，如在尿素中添加脲酶抑制剂、硝化抑制剂等。

控释肥料以颗粒肥料（单质或复合肥，如氮或氮磷复合肥等）为核心，表面涂覆一层低水溶性的无机物质或有机聚合物（如硫黄、磷矿粉、石蜡、沥青、树脂、聚乙烯等）作为成膜物质，或者应用化学或其他方法将肥料均匀地融入并分散于聚合物中，形成多孔网络体系。通过包膜扩散或包膜逐渐分解而释放养分，使养分的供应能力与作物生长发育的需肥要求相一致。当肥料颗粒接触潮湿的土壤时，在水蒸气的作用下，水溶性养分透过包衣上的微孔开始不间断地缓慢扩散。其释放速度受土壤温度的影响，而土壤温度也同样影响着植物吸收养分的速度。因此，该肥料养分的释放速度与植物吸收养分的速度相吻合，不仅能够满足植物不同时期对养分的需求，也可以减少肥料养分的损失，提高肥料的利用率。常见的缓控释肥料主要有树脂包衣型控释肥、硫包衣型控释肥、肥包肥型控释肥、脲酶抑制剂型肥料。

2.1.3　缓控释肥料释放机理

（1）合成缓控释肥料　脲甲醛、草酰胺等化学合成缓控释肥料在化学分解和生物降解作用下释放养分。

（2）包膜缓控释肥料　包膜缓控释肥料根据包膜材料类型的不同，其养分释放机理可以分为三大类：一是具有微孔的渗透膜，养分从膜层微孔溶出，溶出的速度取决于膜孔大小、膜材料性质、膜的厚度和加工条件；二是具有不渗透膜，靠物理、化学、生物作用破坏而释放养分；三是具有半渗透性膜层，水分扩散到膜层内直到内部渗透压把膜层胀破或膜层扩张到具有足够的渗透性而释放养分。

2.1.4　影响因素

缓控释肥料养分释放速率主要取决于肥料颗粒大小、土壤中水分含量、温度、pH 等因素。不同类型或不同膜材料的包膜肥料受各种因素影响的程度也存在较大的差别。

2.2　缓控释肥料发展现状与趋势

2.2.1　缓控释肥料发展

国外缓控释肥的研究已有 40 多年的历史，最初以硫包衣尿素（SCU）为主，此外还有包硫氯化钾（SCK）、包硫磷酸二铵（SCP）等，并于 1924 年研制出尿醛肥料，获得第一个缓释肥料专利，随后又相继开发了耐磨控释肥、生物降解膜控释肥等[6-8]（吴欢欢，2009；王月祥，2010；NOURA Z，2011）。日本是研究和应用缓控释肥技术较先进的国家，以高分子包膜肥料为主；1975年研制生产出的硫黄包膜肥料，应用于水稻、玉米、西瓜施肥取得良好肥效；20 世纪 80 年代初研制出热塑型树脂聚烯烃包膜肥料好康多（Nutricote），为国际知名品牌；目前以生产可降解聚合物包膜肥料为主。欧洲各国侧重于微溶性含氮化合物缓释肥料的研究，英国的控释肥专利是在磷酸盐玻璃中引入 K、Ca、Mg 形成玻璃态控释肥，而氮以 $CaCN_2$ 的形式加入；德国研究重点以聚合物为包膜材料生产包膜肥，它可以适时释放养分[9]（陈强，2000；邹箐，

2003；张民，2001；曾宪坤，1999；陆建刚，1994)。

我国缓控释肥研发比国外起步晚。1960 年以前主要是尿素-甲醛合成物缓释肥料的初步研究。20 世纪 60 年代末，中国科学院南京土壤研究所研制出中国最早的缓释肥料——碳酸氢铵粒肥[10]，以钙镁磷肥为主要包膜材料的长效碳铵和长效尿素，并对其释放特性、供氮过程以及稻—麦轮作下的生物学效应进行过系统研究。此后，我国的缓控释肥行业进入飞速发展阶段，相继研发出复混肥、包膜控释肥[11]、种子包衣肥[12]、保水缓控释肥[13][14]等多种缓控释肥料。中国科学院沈阳应用生态研究所、广州化肥厂和石家庄农业现代化所等单位研制了长效碳铵、长效尿素和涂层尿素。1985 年，郑州工业大学成功研制出了磷酸铵钾盐包裹尿素[15]（张夫道，2008）；2004 年，兰州大学研制出了吸水保水型缓释肥[16]（梁蕊，2007）；2005 年，我国研制出了生物可降解聚氨酯包膜肥料[17]（王勇，2005）；2006 年 10 月，国家"十一五"科技支撑计划项目设立了两个控释肥的研究与应用课题；2007 年中央 1 号文件提出加快发展缓控释肥料，提出优化肥料结构，加快发展适合不同土壤、不同作物特点的专用肥、缓释肥；2007 年，化工行业标准《缓控释肥料》（HG/T 3931—2007）正式实施，标志着我国缓控释肥产业进入规范发展的新阶段[18]。

2.2.2　缓控释肥料发展趋势

与普通化肥相比，缓控释肥一次施用基本满足作物整个生育期的需求，可以减少化肥施用量和施肥次数，提高肥料利用率，减轻环境污染[19]。同时，还能改善作物品质，增强植株抗逆性。此外，缓控释肥还能调节土壤养分，改善土壤理化性状。由于缓控释肥的价格是普通肥料的 3～8 倍，国际上缓控释肥主要使用在经济价值高的植物上，如花卉、水果、草坪等。我国是第一个将缓控释肥应用到大田生产中的国家[20]。根据我国发布的首部缓控释肥产业白皮书显示，2006—2015 年，我国缓控释肥产量的年度复合增长率约 25%。累计推广面积高达 3.5×10^7 公顷，实现节支增收 1 100

亿元，有力地支撑了我国农业的发展。目前，我国已经发展成为世界范围内最大的生产和消费缓控释肥的国家[21]。

2.3 缓控释肥料的选择和施用方法

2.3.1 缓控释肥料的选择

缓控释肥料可以根据作物、土壤与气候状况，对肥料中养分的释放速度和供应强度进行调控，使养分释放与作物吸收相一致，从而达到减少施肥次数，防止肥料烧种、烧苗，降低肥料损耗，提高肥效利用率，促进植物稳健生长的效果。与传统肥料相比，缓控施肥料兼具省工、安全、高效、环保等多种特点，适于劳动力较少且对资源节约与环境保护较为重视的地区使用。但因其价格相对较高、有一定的施用技术要求，因此需考虑多方面因素进行选择。具体如下：

一是要适合当地环境条件，如硫包衣尿素的释放速率受土壤微生物活性的影响较大，选用此类产品时，要充分考虑环境因素对肥料的影响；无机包膜肥料受土壤水分含量影响较大，此类产品不宜在降水量较多的地区使用；有机聚合物包膜肥料受土壤温度影响明显，使用此类产品时要考虑当地温度变化与作物生长调节，使得养分释放与作物养分吸收达到协调一致。

二是要看作物生长期，选择养分释放速度适宜的缓控释肥料。不同的缓控释肥料产品，通过调整包膜厚度、添加剂用量、肥料粒径等，可使养分释放速度发生很大变化。养分释放时间短的只有两个月，长的可达 1 年甚至更长，因此在选择缓控释肥料时，应充分考虑作物的生长期。例如，对生长期较短的玉米、水稻、小麦等农作物，宜选择养分释放速度较快的产品；对生长期较慢的茶叶、果树和草坪，宜选择控释时间长、养分释放速度较慢、肥效较长的产品。

三是要看作物种类，遵循作物需肥原则。对马铃薯等喜钾忌氯作物，应选择硫酸钾型缓控施肥料；对大豆、花生等具有固氮能力的豆类作物，应选择低氮、高磷、高钾型缓控释肥料；对优质油菜等需硼量较大的作物，应选择含硼型缓控释放肥料；对水果类作物如香蕉，应选择含高钾型缓控施肥料。

2.3.2　缓控释肥料的使用方法

目前缓控释肥料根据不同控释时期和养分含量不同有多个种类，不同控释时期主要对应于作物生育期的长短，不同养分含量主要对应不同作物的需肥量，因此施肥过程中一定要有针对性地选择施用。缓控释肥料一定要作基肥或前期追肥，即在作物播种时或在播种后的幼苗生长期施用。建议农作物单位面积缓控释肥料的用量按照往年施肥量的 80% 进行施用，需注意的是种植户要根据不同目标产量和土壤条件适当增减，同时还要注意氮、磷、钾的配施比例和后期是否有脱肥现象发生。

2.4　缓控施肥料的施用效果

缓控释肥能够在作物的全生育期特别是中后期的养分供应中提供合理、高效的养分，尤其是氮肥。缓控释肥施入土壤后养分持续释放，能有效避免前期养分大量损失，同时保证养分持续供应以满足作物的生长需求。目前，缓控释肥在主要农作物上的应用效果已取得了一定的进展。

2.4.1　在水稻中的施用效果

在水稻上施用控释氮肥较普通尿素相比产量可提高 8.51%～13.03%，氮肥利用率提高 57.1%～71.2%[22]。缓释肥一基一蘖 2 次施肥的增产效果要优于全部基施，且不同缓释期的掺混缓释肥的增产效果和经济效益最高[23]。缓控释肥对水稻的影响主要在于增加有效穗数、穗长、穗粒数，提高生物产量、经济产量、氮素利用率等，对结实率和千粒质量影响较低[22]。缓控释肥在水稻苗期的作用不明显，但后期能有效促进水稻氮素供应、增加氮素转换和积累、协调作物各器官养分的吸收和调配，从而避免水稻营养生长过旺，有效缓解贪青晚熟和倒伏现象[24-25]。

2.4.2 在小麦中的施用效果

缓控释肥能够提高小麦的氮肥利用率，增加小麦生长中后期的干物质积累，提高产量[26]。同时，施用缓控释肥能够改善小麦籽粒不同层次二至五层品质及小麦溶剂保持力，显著提高小麦籽粒中蛋白质含量[27-28]。与普通肥料分次施用相比，一次性施用不同类型的缓控释肥料，养分供应均可满足小麦整个生育期的养分需求，增产率均大于 5%，显著增加了小麦的有效穗数、穗粒数和千粒重，具有较高的经济效益[29-30]。

2.4.3 在玉米中的施用效果

一次性基施缓控释肥可以提高玉米产量和氮肥利用率[31]。研究表明，一次性基施缓控释肥能够较好地协调养分供应与夏玉米养分吸收，促进玉米叶面积增大、根系增多，优化玉米的产量性状，增加夏玉米单株干物质积累和氮素积累量，增加穗粒数和单穗粒重，提高千粒重，可达到或接近常规尿素 2 次或 3 次施肥对夏玉米的增产效果，实现夏玉米一次性施肥高产的效果[32]。

2.4.4 在茶树等作物中的施用效果

施用缓控释肥可以提高茶树根系的活力，促进茶树对氮和磷的吸收[32]，从而能够显著增加茶叶中氨基酸、咖啡碱含量。同时，茶园土壤中铵态氮的含量升高并在较长时间内维持较高的浓度水平，而硝态氮的含量变化不大，从而提高了硝态氮在无机氮中的比例[33-34]。施用缓控释肥可提高烟叶成熟度并增加烟株的有效叶片数，增强烟株抗性，增加烟叶的产量和产值[35]。缓控释肥还可以降低蔬菜中的硝酸盐和草酸的含量，提高维生素 C 和可溶性糖含量，改善蔬菜品质和提高产量[36]。

———————————————— 参 考 文 献 ————————————————

[1] 李庆军. 常见缓控释肥的优缺点及选用缓控释肥方法 [J]. 吉林农业，2015 (11)：93.

[2] 曾宪坤. 我国复混肥料现状和展望 [M] //复混肥生产技术与设备. 北京：化学工业出版社：8.

[3] 张民，史衍玺，杨守祥. 控释和缓施肥的研究现状与进展. 化肥工业，2001，28 (5)：27 - 63.

[4] 陈强. 缓释肥料的研究进展 [J]. 宝鸡文理学院学报：自然科学版，2000，20 (3)：189 - 193.

[5] 邹箐. 绿色环保缓释/控释肥料的研究现状与展望. 武汉化工学院学报，2003，25 (1)：13 - 17.

[6] 吴欢欢，等. 我国缓/控释肥料发展现状、趋势及对策. 华北农学报，2009，24 (增刊)：263 - 267.

[7] 王月祥. 缓/控释肥料的研究现状及进展. 化工中间体，2010 (3)：11 - 15.

[8] NOURA Z, CYNTHIA G, NICOLAS S. Efficiency of controlledrelease urea for a potato production system in Quebec, Canada [J]. Agronomy journal, 2011, 103 (1)：60 - 66.

[9] 陆建刚. 国内外新型肥料的开发 [J]. 化肥工业，1994，21 (3)：8 - 16.

[10] 夏循峰，胡宏. 我国肥料的使用现状及新型肥料的发展 [J]. 化工技术与开发，2011，40 (11)：45 - 48.

[11] 范妮. 我国缓/控释肥的制备及应用研究进展 [J]. 陕西农业科学，2019，65 (4)：92 - 94.

[12] 熊远福，邹应斌，文祝友，等. 水稻种子包衣肥：CN 200910044424.7 [P]. 2010 - 03 - 10.

[13] 许永东，夏曾润. 保水缓控释功能型复合肥的分析 [J]. 当代化工，2019，48 (7)：1531 - 1534.

[14] 牛育华，王柯颖，罗翼，等. 可降解保水缓/控释肥研究现状及发展展望 [J]. 化肥工业，2017，44 (2)：11 - 14.

[15] 张夫道，王玉军. 我国缓/控释肥料的现状和发展方向 [J]. 中国土壤与肥料，2008 (4)：1 - 4.

[16] 梁蕊. 吸水保水缓释肥料的制备及其性能研究 [D]. 兰州：兰州大学，2007.

[17] 王勇，陈小幺，万涛. 生物降解聚氨酯包膜尿素化肥的研究 [J]. 土壤通报，2005，36（3）：375-377.

[18] 方爽，刘娟，张乃明，等. 环境友好型肥料与农业绿色发展 [J]. 肥料与健康，2022，49（5）：1-5.

[19] 陈剑秋，陈宏坤，张民，等. 控释复合肥田间养分释放特征及对土壤硝态氮和铵态氮累积的影响 [J]. 水土保持学报，2011，25（4）：110-114，120.

[20] 熊海蓉，文卓琼，熊远福，等. 3种水稻缓/控释肥一次性施用效果比较 [J]. 中国农学通报，2015，31（33）：1-5.

[21] 翟彩娇，崔士友，张蛟，等. 缓/控释肥发展现状及在农业生产中的应用前景 [J]. 农学学报，2022，12（1）：22-27.

[22] 蒋曦龙，陈宝成，张民，等. 控释肥氮素释放与水稻氮素吸收相关性研究 [J]. 水土保持学报，2014，28（1）：215-220.

[23] 邢晓鸣，李小春，丁艳锋，等. 缓控释肥组配对机插常规粳稻群体物质生产和产量的影响 [J]. 中国农业科学，2015，48（24）：4892-4902.

[24] 何昌芳，李鹏，邰红建，等. 配方施肥及氮肥后移对单季稻氮素累积和利用率的影响 [J]. 中国农业大学学报，2015，20（1）：144-149.

[25] 段素梅，杨安中，吴文革，等. 氮肥运筹方式对超级稻剑叶生理特性及产量的影响 [J]. 土壤通报，2014，45（6）：1450-1454.

[26] 宋亚栋. 不同缓控释肥对小麦产量品质与养分利用效率的影响 [D]. 南京：南京农业大学，2017.

[27] 刘春梅，罗胜国，刘元英. 控释尿素对春小麦根系活力和籽粒蛋白质含量的影响 [J]. 黑龙江八一农垦大学学报，2012，24（4）：4-7.

[28] 党建友，杨峰，屈会选. 复合包裹控释肥对小麦生长发育及土壤养分的影响 [J]. 中国生态农业学报，2008，16（6）：1-10.

[29] 汪强，李双凌，韩燕来. 缓/控释肥对小麦增产与提高氮肥利用率的效果研究 [J]. 土壤通报，2007，38（4）：693-696.

[30] 许海涛，王成业，刘峰，等. 缓控释肥对夏玉米创玉198主要生产性状及耕层土壤性状的影响 [J]. 河北农业科学，2012，16（10）：66-70.

[31] XIA L L, LAM S K, CHEN D L, et al. Can knowledge-based N management produce more staple grain with lower greenhouse gas emission

and reactive nitrogen pollution? A meta‐analysis [J]. Global change biology，2017，23（5）：1917‐1925.

[32] 马立锋，苏孔武，黎金兰，等．控释氮肥对茶叶产量、品质和氮素利用效率及经济效益的影响 [J]．茶叶科学，2015（4）：354‐362.

[33] 韩文炎，马立锋，石元值，等．茶树控释氮肥的施用效果与合理施用技术研究 [J]．植物营养与肥料学报，2007，13（6）：1148‐1155.

[34] 丁方军，马学文，付乃峰，等．不同控释肥对茶园土壤碱解氮和有机质含量的影响 [J]．山东农业科学，2013（6）：63‐65.

[35] 王黎，梁梅，范江，等．缓/控释肥在烟草上的应用效果研究 [J]．现代农业科技，2018（24）：12‐14.

[36] 徐培智，陈建生，张发宝．蔬菜控释肥的产量和品质效应研究 [J]．广东农业科学，2003（1）：28‐30.

第3章 水溶性肥料

3.1 水溶性肥料概述

3.1.1 水溶性肥料定义

水溶性肥料（water soluble fertilizer，WSF）的概念有广义和狭义之分，广义的概念是指完全、迅速溶于水的大量元素单质水溶性肥料（如尿素、氯化钾等），水溶性复合肥料（磷酸一铵、磷酸二铵、硝酸钾、磷酸二氢钾等），农业行业标准规定的水溶性肥料（大量元素水溶肥料 NY 1107—2020[1]、中量元素水溶肥料 NY 2266—2012[2]、微量元素水溶肥料 NY 1428—2010[3]、氨基酸水溶肥料 NY 1429—2010[4]、腐植酸水溶肥料 NY 1106—2010[5]）和一些水溶性液体（复合）微生物肥料等；狭义的概念仅指农业行业标准规定的水溶性肥料产品和一些专门的水溶性液体（复合）微生物肥料等产品，其特征是配方针对性强、复合化程度高，具有生物或者非生物（改土促根、抗逆促生、抑菌提质等）特殊性功能的液体或固体水溶性肥料，属于专门应用于灌溉施肥（滴灌、喷灌、微喷灌等）和叶面施肥的高端产品，对原料选择和生产工艺等方面要求较高[6]。

3.1.2　水溶性肥料特点

3.1.2.1　水不溶物含量低

水不溶物含量是水溶性肥料区别于普通的颗粒复混肥料和传统单质肥料的一个关键性指标，农业行业标准规定水溶性肥料产品的水不溶物含量<5%或50克/升，其检测方法是用孔径为50～70微米的1号坩埚进行测定[7]。随着水肥一体化的推广应用，尤其是滴灌施肥的推广，国家对水溶性肥料中的水不溶物要求更加严格，2013年工业和信息化部出台了水溶性肥料新标准，将固、液水溶性肥料的水不溶物比例由农业行业标准的5%下调到0.5%。滥用水溶性不达标产品会堵塞滴头而破坏滴灌、喷灌等微灌施肥设备[8]，导致无法实现灌溉施肥的功能。

3.1.2.2　速溶性和高浓度

固体水溶性肥料的溶解速率会影响施肥效率，为了提高施肥效率，防止滴灌灌水器发生堵塞，要求水溶性肥料溶解迅速。水溶性肥料的速溶性与产品原料和生产工艺有关。在速溶性方面，目前行业上普遍关注硫酸钾，其溶解性特点决定了在施用过程中不能与其他肥料混合[9]，否则其溶解速率会迅速下降。水溶性肥料的高浓度特点主要是为了满足节水灌溉过程中每次很短的灌溉施肥时间内要提供足够的作物养分的需求。

3.1.2.3　复合化程度高

除传统的单质水溶性肥料以外，大多数水溶性肥料为高浓度复混肥料产品，其复合化主要表现为大量元素与中、微量元素复合，养分元素与腐植酸、氨基酸、海藻提取物、甲壳素等生物刺激素类物质复合，养分元素与改良土壤、活化养分等功能载体复合。水溶性肥料中养分形态会对水溶性和施用效果产生影响。近年来，水溶性较好的聚磷酸盐越来越多地用于水溶肥生产，其溶解性和吸收效果较好，对于钙、镁等中量元素也能避免形成沉淀[6]。由于不同作物对硝态氮、铵态氮的偏好不同，在进行作物专用肥配方设计时要充分考虑，因此市场上出现的尿素硝铵溶液也成为新的水溶性肥料产品或氮素原料。

3. 1. 2. 4　功能多样化

水溶性肥料几乎含有作物生长的绝大部分营养元素，通过水肥一体化的管道系统将水溶性肥料施用到作物根区，不仅可以提高肥料利用率，还可以调控作物根系微生态。还可以因地制宜，根据不同作物的需肥规律以及当地的土壤状况进行配方设计，充分满足作物对各种营养元素的需求，同时向水溶性肥料中添加一些植物源、动物源、矿物源等功能性活性物质，可以提高作物抵抗逆境和吸收养分的能力，改良土壤微生态环境，使之适合作物生长且有利于养分的保持与供应。

3. 1. 2. 5　产品生产与施用技术一体化特征明显

与常规复合肥相比，水溶性肥料在产品配方设计、生产工艺、原料选择、市场、营销策略与农化服务等方面均有差异（表 3 - 1）。

表 3 - 1　常规复合肥与水溶性肥料的特点对比

类别	常规复合肥	水溶性肥料
生产工艺	团粒法、料浆法、掺合法、流体法、熔融法、浓液造粒法、挤压法	物理混配法、化学合成法
原料选择	一般原料	水溶性化肥或工业原料，杂质少
配方	单一，缺乏针对性	多样化，针对性强
养分吸收	偏低	有效吸收率高达80％
施肥方式	作基肥或追肥，条施、穴施、撒施等	主要用作追肥，灌溉施肥为冲施、滴灌、喷灌等
施用作物	以大田作物为主、经济作物为辅	经济作物、大田作物均可
营销策略	传统模式，依靠传统分销渠道	有创新性、针对性
农化服务	传统模式，较少提供技术指导	产品针对性强，要求企业提高技术服务水平

3. 1. 3　水溶性肥料分类

根据不同分类标准，水溶性肥料的类型有所区别。

按照物理形态不同可将水溶性肥料分为固体水溶性肥料和液体水溶性肥料两大类。固体水溶性肥料根据具体形态主要包括粉状和颗粒状，其具有养分含量高、易存放、运输方便的特点；液体水溶性肥料根据液体主要形态分为溶液型和悬浮型，其具有方便水溶混合，与农药、作物添加剂、调理剂等混配性好，但肥料养分含量受限，对包装储存要求高，产品运输不便的特点。

按照功能不同可将水溶性肥料主要分为营养型水溶肥和功能型水溶肥，营养型水溶肥可以为作物生长补充所需要的营养物质，主要有大量元素水溶性肥料（同时含中量元素型、微量元素型）、中量元素水溶性肥料、微量元素水溶性肥料等；功能型水溶性肥料主要指添加植物源、动物源、矿物源等功能性物质，包括含腐植酸水溶性肥料、含氨基酸水溶性肥料、含海藻酸水溶性肥料等有机水溶性肥料，有机水溶肥料是以有机氨基酸、腐植酸、海藻提取物、壳聚糖、聚谷氨酸、聚天门冬氨酸、糖蜜、低值鱼及发酵降解物等有机资源为主要原料，经过物理、化学（或）生物等工艺工程，按植物生长所需添加适量大量、中量和（或）微量元素加工而成的、含有生物刺激素成分的液体或固体水溶肥料[10]，这类肥料具备提升土壤质量、促进植株生长、提高作物品质的作用[11]。

3.1.3.1　大量元素水溶肥

大量元素水溶肥料是一种可以完全溶于水的多元素全水溶肥料。它能迅速地溶解于水中，更容易被作物吸收，而且其吸收利用率相对较高，是一种营养全面、用量少、见效快的速效肥料，经水溶解或稀释，用于灌溉施肥、叶面施肥、无土栽培、浸种蘸根等。农业行业标准 NY 1107—2020[1]规定大量元素水溶肥料固体产品，主要技术指标大量元素含量（N、P_2O_5、K_2O 含量之和，至少包含其中 2 种大量元素，单一大量元素含量不低于 4.0%）⩾50.0%，水不溶物含量⩽1.0%，水分（H_2O）含量⩽3.0%，缩二脲含量⩽0.9%。大量元素水溶肥料液体产品，主要技术指标大量元素含量（N、P_2O_5、K_2O 含量之和，至少包含其中 2 种大量元素，单一大量元素含量不低于 40 克/升)≥400 克/升,水不溶物含量≤10 克/升,缩二脲含量≤0.9%。

大量元素水溶肥(同时含中量元素型)须在包装标识注明产品中所含单一中量元素含量、中量元素总含量。中量元素含量指钙、镁元素含量之和,产品应至少包含其中一种中量元素。单一中量元素含量不低于 0.1%或 1 克/升。单一中量元素含量低于 0.1%或 1 克/升不计入中量元素总含量。当单一中量元素标明值不大于 2.0%或 20 克/升时,各元素测定值与标明值负相对偏差的绝对值应不大于 40%;当单一中量元素标明值大于 2.0%或 20 克/升时,各元素测定值与标明值负偏差的绝对值应不大于 1.0%或 10 克/升。

大量元素水溶肥(同时含微量元素型)须在包装标识注明产品中所含单一微量元素含量、微量元素总含量。微量元素含量指铜、铁、锰、锌、硼、钼元素含量之和,产品应至少包含其中一种微量元素。单一微量元素含量不低于 0.05%或 0.5 克/升。钼元素含量不高于 0.5%或 5 克/升。单一微量元素含量低于 0.05%或 0.5 克/升不计入微量元素总含量。当单一微量元素标明值不大于 2.0%或 20 克/升时,各元素测定值与其标明值正负相对偏差的绝对值应不大于 40%;当单一微量元素标明值大于 2.0%或 20 克/升时,各元素测定值与其标明值正负偏差的绝对值应不大于 1.0%或 10 克/升。

3.1.3.2 中量元素水溶肥

中量元素水溶肥是一种针对植物生长发育中所需中量元素的专用水溶性肥料,这类元素包括钙(Ca)、镁(Mg)、硫(S)等,虽然在植物体内需要的量相对较少,但它们对植物的健康生长和生理代谢起着至关重要的作用,可促进根系和茎叶发育,改善土壤结构,提高抗逆性和果实品质。农业行业标准 NY 2266—2012[2]规定中量元素水溶肥中中量元素含量(指钙含量或镁含量或钙镁含量之和,含量不低于 1.0%的钙或镁元素均应计入中量元素含量中,硫含量不计入中量元素含量)≥10.0%,水不溶物含量≤5.0%,pH(1∶250 倍稀释)为 3.0~9.0,水分(H_2O)≤3.0%。

3.1.3.3 微量元素水溶肥

微量元素水溶肥指由微量元素铜、铁、锰、锌、硼、钼按适宜作物生长的比例制成的液体或固体水溶肥料。农业行业标准 NY 1428—2010[3]规定微量元素水溶肥中微量元素含量（指铜、铁、锰、锌、硼、钼元素含量之和，应至少包含两种微量元素，钼元素含量不高于 1.0%）≥10.0%，水不溶物含量≤5.0%，pH（1：250 倍稀释）为 3.0～7.0，水分（H_2O）≤6.0%。

3.1.3.4 含氨基酸水溶肥

含氨基酸水溶肥是以游离氨基酸为主要原料（成分），经过物理、化学和（或）生物等工艺过程，按植物生长所需添加适量中量和（或）微量元素加工而成的液体或固体水溶肥料。氨基酸水溶肥能被植物快速吸收，具有增产、改善果实品质、抗逆、改良土壤、提高药物利用率等特点，对解决农业生产中大量施用化肥和农药造成的土壤质量下降、环境污染和农药残留等问题起到了积极的作用。氨基酸水溶肥按照外观可分为液体和固体两种；按照类型可分为中量元素型和微量元素型两种。农业行业标准 NY 1429—2010[4]规定，氨基酸水溶肥固体产品和液体产品中：游离氨基酸含量分别不低于 10.0% 和 100 克/升；水不溶物含量分别不超过 5.0% 和 50 克/升；pH（1：250 倍稀释）3.0～9.0；固体水分不超过 4%；微量元素含量分别不低于 2.0% 和 20 克/升（微量元素含量指铜、铁、锰、锌、硼、钼含量之和。产品应至少包含一种微量元素。固体和液体产品中含量分别不低于 0.05% 和 0.5 克/升的单一微量元素均应计入微量元素含量中。固体和液体产品中钼元素含量分别不高于 5.0% 和 50 克/升）；中量元素含量固体和液体产品分别不低于 3.0% 和 30 克/升（中量元素含量指钙、镁元素含量之和。固体和液体产品中含量分别不低于 0.1% 和 1 克/升的单一中量元素均应计入中量元素含量中）。

3.1.3.5 含腐植酸水溶肥

含腐植酸水溶肥是以矿物源腐植酸为主要原料（成分），经过物理、化学和（或）生物等工艺过程，按植物生长所需添加适量大量和（或）微量元素加工而成的液体或固体水溶肥料。按腐植酸添加营养元素种类将产品分为大量元素型和微量元素型产品，其中，大量元素型产品按腐植酸含量分为Ⅰ型和Ⅱ型，包括固体和液体两种剂型；微量元素型产品仅为固体。含腐植酸水溶肥料产品技术指标应符合表3-2至表3-4的要求。含腐植酸水溶肥主要作用有以下几点：①刺激作物生长。腐植酸叶面肥料的刺激作用主要表现在能促进种子萌发，提高种子出苗率，促进根系生长，提高根系吸收水肥和养分的能力，增加分蘖或分枝，提早成熟。②改良土壤理化性状、培肥地力。腐植酸有机胶体可与土壤中的钙结合，形成的胶结物质可将土粒胶结起来，增强土壤水稳定性，起到改善土壤水肥氧热状态的效果，冲施或土施时，可以改良土壤，提高肥效。③为作物提供营养元素。可以为作物提供铵离子、钾离子、钙离子、镁离子、锌离子等形态的养分，还能与酸性土壤中的游离铁离子、铝离子结合成铁、铝络合物，减少磷的固定，提高肥料利用率。④加强作物体内多种酶的活动，增强作物抗逆能力。⑤促进微生物的繁殖与活动。提高土壤中真菌、细菌和固氮菌等活动能力，促进有机物分解，加速农家肥料腐熟，促进速效性养分的释放[12]。

表3-2 大量元素固体剂型产品指标

项目	指标	
	Ⅰ型	Ⅱ型
腐植酸含量，% ≥	3.0	4.0
大量元素含量*，% ≥	35.0	20.0
水不溶物含量，% ≤	5.0	
pH（1:250倍稀释）	4.0~9.0	
水分（H_2O），% ≤	5	

*大量元素含量指 N、P_2O_5、K_2O 含量之和，大量元素单一养分含量不低于4.0%。

表 3-3　大量元素液体剂型产品指标

项目	指标	
	Ⅰ型	Ⅱ型
腐植酸含量，克/升 ≥	30.0	40.0
大量元素含量*，% ≥	350.0	200.0
水不溶物含量，克/升 ≤	50.0	
pH（1：250 倍稀释）	4.0～9.0	

*大量元素含量指 N、P_2O_5、K_2O 含量之和，大量元素单一养分含量不低于 4.0%。

表 3-4　微量元素型产品指标

项目	指标
腐植酸含量，% ≥	3.0
微量元素含量*，% ≥	6.0
水不溶物含量，% ≤	5.0
pH（1：250 倍稀释）	4.0～9.0
水分（H_2O），% ≤	5.0

*微量元素含量指铜、铁、锰、锌、硼、钼元素含量之和。产品应至少包含两种微量元素。含量不低于 0.1% 的单一微量元素均应计入微量元素含量中。

3.1.3.6　含海藻酸有机水溶肥

含海藻酸有机水溶肥是以海藻提取物为主要原料（成分），经过物理、化学和（或）生物等工艺过程，按植物生长所需添加适量大量、中量和（或）微量元素加工而成的液体或固体水溶肥料。海藻酸又称藻酸、褐藻酸、海藻素，是一种天然多糖类物质，是藻类的主要成分，它是一种可食用纤维，在褐藻细胞壁（囊褐藻纲海带目和墨角藻目）和特定细菌（乙酰化形式）中含量丰富[13]。海藻酸易与阳离子形成凝胶如海藻酸钠等，被称为海藻胶、褐藻胶或藻胶。海藻精是以海藻为原料萃取浓缩的活性物质的总称，也叫海藻素，属于高浓缩的海藻素，也就是含海藻酸的水溶肥料。海藻及海藻提取物因富含多种植物生长促进因子，被广泛应用于有机肥料的开发及粮食、瓜果、蔬菜、花卉、草坪等农产品种植领域。海藻肥具有多种高活性成分和营养元素[14]，不但含有钾、钙、镁、钼、铁、锌、硼、碘、硒等多种植物所需要的营养元素，而且含有丰富的海藻多糖、海藻多酚、不饱和脂肪酸、蛋白质、氨基酸、维生素、生长调节物质（如赤霉素、细胞分裂素）等多种活性元素[15-17]。因而，海藻肥具有改善土质、抗旱、抗寒、促生长、抗虫害、增产、提高农产品品质等多重功效[14]。

3.1.3.7 含壳聚糖有机水溶肥

含壳聚糖有机水溶肥是以壳聚糖为主要原料（成分），经过物理、化学和（或）生物等工艺过程，按植物生长所需添加适量大量、中量和（或）微量元素加工而成的液体或固体水溶肥料。在自然界中的低等生物菌类、藻类的细胞、节肢动物（如虾、蟹、昆虫）的外壳、软体动物（如鱿鱼、乌贼）的内壳和软骨，以及高等植物的细胞壁中，广泛存在着一种人们通常称之为甲壳素或几丁质的天然高分子聚合物，其分子式为 $(C_8H_{13}NO_5)_n$，属氨基多糖。该物质每年的生物合成量可达亿吨，在自然界中产量仅次于植物纤维，是人类取之不竭的资源。但是，该物质不可溶的特性决定了其广泛应用的局限性。为此，人们采取各种工艺，使其降解以达到充分利用这一宝贵资源的目的。如甲壳素经乙酰化可得到一种天然阳离子多糖，称为壳聚糖分子式为 $(C_6H_{11}NO_4)_n$，相对分子质量 10 万左右。该物质具有溶解性、成膜性、可降解性、无毒性、吸附性、絮凝性、诱导抗病性、保湿性、生物相容性等特性，可广泛应用于工业（如取代塑料）、农业中的肥料、医药可降解缝合材料、人造皮肤、药物载体、环保污水处理剂以及健康等领域。壳聚糖可以作为肥料，直接施用于作物生长过程中。由于甲壳素主要来自海洋生物的外壳，本身元素含量就比较高，所以可以直接将蟹壳等粉碎制成肥料施入土壤中。土壤中的微生物可以降解甲壳素，使之在土壤中被作为氮源利用[18]。这种肥料中的甲壳质可以改善土壤菌落和提高植物活性，其中的碳酸钙还有改良酸性土壤的效果。几丁质可以影响土壤有机物质的分解组分,抑制有害菌的生长,提高氮的矿化。用壳聚糖等寡糖做成的肥料,还可抑制土壤中病菌和细菌的生长,诱导植物产生酶系,提高其抗病能力[19]。同时,壳聚糖可以提高传统肥料的利用率,减少过量施肥对作物品质的影响。还可以促进土壤有益菌群的生长,调节土壤中有益酶的活性,改良土壤环境。在重金属富集的环境中,壳聚糖可通过分子结构中的氨基和羟基与汞离子、镉离子、铜离子、镍离子、锌离子等金属离子形成较稳定的螯合物,从而有效地去除工业废水中的有毒重金属离子[20]。

3.1.3.8　含聚谷氨酸有机水溶肥

含聚谷氨酸有机水溶肥是以聚谷氨酸为主要原料（成分）,经过物理、化学和（或）生物等工艺过程,按植物生长所需添加适量大量、中量和（或）微量元素加工而成的液体或固体水溶肥料。聚谷氨酸是微生物（主要为芽孢杆菌类）发酵的产物,是一种胞外多肽[21]。聚谷氨酸作为一种新型可生物降解的水溶性高分子材料,其优良的性能已在医药、日化、轻工业和食品等多领域得以应用,被广大研究者公认为是一种极具有发展潜力的绿色化学产品[22]。随着研究的深入,聚谷氨酸及其衍生物在农业中的应用也有了新的进展。一是聚谷氨酸是一种优良的土壤保水剂,不仅能够提高肥料的利用率还能够延长肥料在土壤中的释放周期[23-24]。聚谷氨酸分子含有 10 000 个以上的超强亲水性基团——羧基,能充分保持土壤中水分,改进黏重土壤的膨松度及孔隙度,改善沙质土壤的保肥与保水能力。另外,聚谷氨酸的多阴电性能有效阻止硫酸根、磷酸根等与钙、镁元素的结合,避免产生低溶解性盐类,更能有效促进养分的吸收与利用。二是螯合重金属离子,减轻土壤污染。聚谷氨酸对土壤中的铅、铬、镉、铝、砷等重金属有极佳的螯合效果,可避免作物从土壤中吸收过多的有毒重金属。作为增效剂添加于尿素、磷肥、钾肥中,可以提高养分的利用率,减少化学残留,减轻土壤污染。三是生根壮根,提高作物抗逆性。聚谷氨酸对植物根部有促进生长作用,能刺激根毛和新生根系的生长,从而提升植物地下部分吸收养分的能力，在干旱、水涝和低温等逆境环境下，可有效地保证水分和养分的正常吸收和缓冲旱、涝、寒等逆境对植物根系造成的损伤。四是双向调节 pH，改良酸、碱土壤。聚谷氨酸可有效平衡土壤酸碱值，避免长期使用化学肥料所造成的酸性土质及土壤板结，对因海水倒灌造成的盐渍和碱性土壤也有很好的改良作用。五是提高种子发芽率，促进幼苗根系生长。对于小麦、玉米、水稻等大田作物，聚谷氨酸可作为拌种剂使用，一般稀释 5～10 倍，与种子混拌后播种，可提高种子的发芽率和存活率。

对于果蔬类经济作物，聚谷氨酸作为育苗营养液使用，稀释 200～400 倍蘸根或喷施于苗床或育苗盘，可以促进幼苗根系生长，提高幼苗的抵抗力[25]。

3.1.3.9　含聚天门冬氨酸有机水溶肥

含聚天门冬氨酸有机水溶肥是以聚天门冬氨酸为主要原料（成分），经过物理、化学和（或）生物等工艺过程，按植物生长所需添加适量大量、中量和（或）微量元素加工而成的液体或固体水溶肥料。

聚天门冬氨酸（PASP）既含有像蛋白质结构一样的酰胺基团又含有羧酸侧链，既能完全生物降解又具有螯合和分散等功能，是新一代可生物降解高分子材料，在医药、日化、农业、水处理及油田化学等领域已获得广泛应用[26]。不同分子量的 PASP 产品应用领域不同，其中，中低分子量的 PASP 聚合物主要应用于水处理、农用肥料增效等方面。

3.2　水溶性肥料发展

我国水溶性肥料的历史可以追溯到 20 世纪 60 年代出现的叶面肥产品，当时生产上主要为水溶性单质肥料。到 70 年代末，随着国外一些叶面肥料产品在市场上的出现，一些小型企业开始仿制叶面肥料。到 20 世纪 80—90 年代，产品由单一无机盐的简单混溶体系发展为养分、助剂等组分的复合体系。90 年代以后，生产商开始将叶面肥与农药配施，产品具有刺激作物生长、改善养分吸收或防治病虫害等功能，市场需求加大，一些国外产品逐渐大量进入我国市场，以叶面肥产品为主的水溶性肥料在发展与应用上取得了很大进展。但这期间灌溉施肥技术没有得到大力推广，因此没有出现以灌溉为主要目的的水溶性肥料产业。进入2000 年以后，农业部每年新登记的水溶性肥料产品开始增加，产品种类也逐渐丰富。在登记的产品中，近九成是含腐植酸水溶性肥料、微量元素水溶性肥料、含氨基酸水溶性肥料和大量元素水溶性肥料。2007 年以后，国内一些知名的肥料企业开始有了初步的技术研究和产品开发团队，从事水溶性肥料生产和销售的肥料公司也迅速增加。2009 年农业部颁布了水溶性肥料登记标准，之后我国水溶性肥料产业开始进入快速发展时期。1990 年我国叶面肥登记产品仅有含氨基酸叶面肥料、含腐植酸叶面肥料和微量元素叶面肥料三大类，到 2009 年登记产品类型已更改为大量元素水溶性肥料、微量元素水溶性肥料、中量元素水溶性肥料、含氨基酸水溶性肥料、含腐植酸水溶性肥料、含海藻酸水溶性肥料以及有机水溶性肥料等。随着水溶性肥料登记标准的完善，水溶性肥料的生产、经营日益规范，产品逐渐向复合化、多样化与差异化方向发展。越来越多的企业开始从事基础性营养配方研发，产品以物理混配的固体水溶性肥料为主，企业更多开始关注产品质量（吸潮与结块等）、外观等问题，原料的选择也日趋规范化。传统大企业开始跻身于水溶性肥料行业，投资水溶性肥料的原料生产，增加原料供给。大部分企业技术研发开始走自主创新的道路，随着水肥一体化技术快速推进，我国水溶性肥料产业达到鼎盛时期。至 2021 年 10 月，我国水溶肥登记数量达到 14 860个，主要以大量元素水溶肥料、含腐植酸水溶肥料和含氨基酸水溶肥料为主[27]，且市场中的水溶肥产品多以粉剂和水剂为主，颗粒状水溶性肥料占比不到 1%。但目前水溶肥的研发以常规配方为主，靶向性不强，与作物的需肥规律不匹配，未来水溶肥应满足农作物特定需求，研究方向需向功能型方向（增效剂、补充中微量元素）转变。

3.3 水溶性肥料施用方法

水溶性肥料可以完全且快速溶解于水中，从而具有易吸收、见效快等诸多优点。施用方式主要有三种：灌溉施肥、叶面喷施和无土栽培营养液。施用时需根据植物需求和土壤测试结果科学施肥。

3.3.1 灌溉施肥

灌溉和施肥既相互影响又相互依存，水肥一体化实现灌溉与施肥完美融合，具体指渠道灌溉、喷灌、滴灌等农业灌溉设施与施肥融为一体的农业新技术[28]。灌溉施肥通常需要借助压力系统，按照土壤的养分条件以及作物的需肥情况，将由可溶性肥料配兑成的液肥与灌溉水一起施用，具有节约、高效、省工、环保等优点[29]。在灌溉施肥时，为防止肥料沉淀物等堵塞管道，施肥前需先滴水润湿土壤，避免表层盐分积累，施肥后需继续滴水清洗管道，可以减少导管堵塞的现象。水溶性肥料应与灌溉相结合，实行水肥一体化，可以很大程度地提高作物的产量和减少水肥浪费，在灌溉施肥中需注意以下问题：①灌溉水中的肥料浓度应当维持在 $1\%\sim2\%$。为避免灌溉液浓度过高损伤作物根系的问题，灌溉液中的肥料浓度应不超过 5%，虽然不同水溶肥和灌溉系统特性以及不同作物的耐肥性各有不同，为确保不发生问题，要求肥料浓度不能超过 5% 这个上限。②肥料溶解性。水溶性肥料主要有固体肥料和液体肥料两大类，通过灌溉系统施用固体肥料，前提是必须先将固体肥料溶解在水中。一些肥料水溶性受温度的影响较大，且与其他肥料混用后可能会出现降低或者增加肥料溶解性的情况。因此，进行颗粒肥料溶液配制时，为了确保肥料灌溉系统中不发生沉淀，应当先按比例随灌溉水进行试验。若发生沉淀，应停止使用该水溶肥进行灌溉施肥。液体肥料与固体肥料相比，具有诸多优点：液体肥料可以和除草剂共同进行喷洒，也可以通过滴灌、喷灌系统进行喷施；液体肥料是微量元素的理想形态，通过灌溉系统可以准确地将液体肥料中的微量元素送到指定位置，提高肥料利用率；植物根系可以迅速吸收液体肥料，可以提高植物对养分的利用效率。

3.3.2 叶面施肥

植物主要通过根系吸收养分，也能通过叶面吸收部分养分，养分通过气孔进入叶片，促进光合作用，有利于干物质的累积。最初，叶面肥是以营养型叶面肥为主，将大量元素和微量元素溶于水配成一定浓度的溶液，喷于植物叶面起补充营养的作用。为追求更好的施肥效果，叶面肥衍变出氨基酸型、腐植酸型和植物生长调节剂型等。叶面肥喷施时要注意喷施浓度和时间，喷施浓度过大会出现烧叶现象，最好选择在晴天或阴天上午 9 时前或下午 4 时后喷施，还可以通过添加湿润剂防止叶面肥快速蒸发而失效。

3.3.3 无土栽培营养液

无土栽培是指在无土壤的介质中培养植物的方法，包括水培、雾（气）培、基质栽培。无土栽培中作物吸收的养分主要来源于营养液（由水、肥料和辅助物质组成），而水溶性肥料是制备营养液肥料的主要来源。经过无土栽培生产的作物不仅成熟早、产量高、品质优，而且绿色环保。

最后，在选购水溶性肥料时，应注意包装标明的水溶性肥料的种类和功能，使施肥的目的与肥料的功能一致；还应注意产品有无农业农村部颁发的水溶肥料登记证号及产品标准证号，以确保水溶性肥料的质量和施用效果。

3.4 水溶性肥料施用效果

肥料中的养分必须溶于水才能被作物吸收利用。作物生长过程中，根系从土壤溶液中直接吸收养分[30]，因此土壤溶液中养分浓度会逐渐降低，如要维持根层适宜的养分浓度以满足作物对养分的吸收利用，需要不断地对根层补给养分，增加土壤活性养分供应强度。土壤中养分达到根表的途径有截获、扩散和质流三种方式。其中扩散是指由于养分离子的浓度梯度，导致养分由高浓度向低浓度扩散的过程，该过程运输距离短，主要集中在根系周围，如钾素主要是以扩散为主的方式被吸收。质流是指由于水势能差引起的养分向植物根系表面的迁移，取决于植物的蒸腾率和土壤溶液的养分浓度，氮、钙、镁、硫等的吸收主要靠养分的质流方式[31]。上述两个过程必须有水的参与才能完成，可见水分对于养分的运移、吸收至关重要。很多作物（如设施蔬菜等）根系比较浅，养分吸收能力较弱，因而需要土壤提供相对较高的养分浓度和强度，即可以通过频繁灌溉施肥来保证土壤的养分供应。以水溶性肥料为基础的水肥一体化技术可以针对不同作物水分和养分需求规律，结合测土施肥技术，制定全生育期的灌溉和施肥制度，及时通过"少量多次"灌溉施肥，达到水肥协调和供需匹配的目的。另外，由于根系与根层养分供应之间存在互馈机制[32]，适宜的根层养分浓度能够促进根系的生长，而根系的健康生长又反过来促进养分空间和生物有效性的提高[31-32]。以水溶性肥料为基础的水肥一体化技术很容易实现近根施肥，如根际养分启动液技术（starter solution technology，SST），即在作物关键生育时期向根际灌根或注射高浓度养分溶液，提高根际养分有效性。与普通复合肥相比，水溶性肥料具有溶解性高、施用安全、配方灵活、养分全面、效果迅速、养分利用率高、施用经济方便等优点。

3.4.1 营养型水溶性肥料施用效果

水肥一体化施用营养型水溶性肥料在蔬菜作物上效果明显，主要表现在作物产量提高和品质提升上。车红梅等[33]对日光温室番茄研究发现，水溶性肥料与常规肥料相比，番茄每亩*增产1 037.46千克，增幅11.98%；邵凤成等[34]对设施番茄研究也发

* 亩为非法定计量单位，1亩＝1/15公顷。——编者注

现水溶性肥料施肥与常规施肥处理相比，每亩增产 610 千克，增幅 9.93％。水溶性肥料处理能明显提高番茄质量、增加产量，利润增幅达 3.3％。辣椒上平均每亩产量 434.4 千克，比常规施肥增产，增产率 5.9％[35]。周丽群等[36]在番茄、辣椒、茄子和黄瓜上研究表明，与传统施肥相比，施用果类蔬菜专用水溶性肥料平均增加果类蔬菜产量 18.1％，氮肥偏生产力平均提高 149.6％；并能改善果实品质，使果实可溶性糖含量平均增加 9.8％，有机酸含量平均降低 3.8％。辣椒施用大量元素水溶肥料相比常规施肥加等量清水亩产量增加 473.4 千克，增产效果达到极显著[37]。在马铃薯上施用大量元素水溶肥料后，对株高、大中薯率、单株结薯数和薯块重均有明显的促进增长作用，产量分别比常规对照和清水对照增产 4.13％和 2.94％，增产效果显著[38]。王志平等[39]在草莓上研究发现与常规施肥相比，结果期的草莓施用水溶性肥料可以提高草莓的产量、增加草莓的可溶性固性物含量。李慧昱等[40]在苹果上喷施中量元素水溶性肥料，较常规施肥促进苹果生长发育、改善果实品质，且对苹果有明显的增产作用，增幅 5.5％～6.7％。陈艳[41]在葡萄上应用中量元素水溶性肥料，结果表明与常规施肥相比，施用中量元素水溶性肥料的葡萄颗粒更加饱满、口感更好，增加葡萄甜度，显著提高产量，增幅 8.7％。

近年来，营养型水溶性肥料在水稻、玉米、棉花等大田作物上得到广泛应用，并且有很好的效果。李莹莹等[42]研究喷施宝水溶性肥料对科尔沁区玉米光合特性及产量的影响，结果表明可以提升产量。光正嘉等[43]研究表明高磷钾大量元素水溶性肥料能够促进作物的光合作用，体现在能够提高水稻叶绿素，提高玉米叶片 SPAD 值。闫治斌等[44]在玉米上的研究发现多元水溶性肥料明显改善制种玉米经济性状，提高产量和经济效益。安羿衡[45]在水稻上研究发现与两种复合肥对比，水溶性肥料的配施够促进水稻根系及地上部的生长、促进水稻的光合作用、增加水稻干物质积累和水稻产量、明显提高水稻根际土壤微生物活性。韩东[46]研究发现大量元素水溶性肥料可提高水稻有效分蘖数、穗数、穗粒数、千粒重，增产 5.37%。杨君林[47]等对河西绿洲灌区玉米追施大量元素水溶性肥料可以有效促进玉米生长发育，提高玉米产量，较当地常规施肥处理增产 11.23%。邢海业[48]研究表明，在棉花上施用大量元素水溶性肥料能保蕾保铃，提高棉花单株结铃性，壮桃促绒，增加产量。

3.4.2 有机水溶性肥料施用效果

有机水溶性肥料在水稻、小麦、玉米等粮食作物上的应用研究表明，在常规施肥基础上以追肥方式喷施，增产效果显著。在小麦上喷施含氨基酸有机水溶性肥料，表现为叶色加深、叶片功能期延长，促进了光合作用及光合产物的积累，使每穗粒数、千粒重都有所提高[49]。水稻在拔节、孕穗后期和灌浆期各喷施一次氨基酸水溶性肥料，能提高水稻成穗率、增加千粒重[50]。以浚单 20 玉米为试验材料，进行含氨基酸水溶性肥料田间应用试验，结果表明：施用含氨基酸水溶性肥料增加了玉米产量，平均亩增产 28.3 千克，增产率为 5.3%[51]。用浓度为 0.2%壳聚糖对苗期的小麦叶面作喷施处理，叶片叶绿素含量和干物重分别提高 26.2% 和 28.2%[52]。用浓度为 0.2%壳聚糖对玉米植株作喷洒处理后，其植株叶长、株高形态指标均高于对照[53]。用聚谷氨酸对小麦、玉米、水稻等大田作物进行拌种，可以提高种子的发芽率和存活率[54]。

有机水溶性肥料在番茄、黄瓜、辣椒、白菜等蔬菜上应用也能促进作物增产和提高果实品质。以不同稀释浓度的海藻生物有机液肥为材料，对黄瓜、番茄、辣椒三种蔬菜种子进行浸种处理和盆栽试验，结果显示：使用稀释后的海藻生物有机液肥处理后，黄瓜、番茄、辣椒幼苗的根长、株高、株鲜重、干重、叶绿素含量、叶面积均比对照显著提高[55]。在蕹菜、苦麦菜和苋菜上灌根施用含海藻酸有机水溶性肥料，能有效提高叶菜的株高、叶片数等农艺性状，促进叶菜增产[56]。用壳聚糖处理的不结球白菜，叶片中可溶性蛋白质、大多数氨基酸、可溶性糖、维生素 C 等品质指标均有不同程度的增加，其蔬菜产品营养更丰富、商品价值更高[57]。

研究表明，将氨基酸液体肥施用于大豆叶面，可改善其叶面微生物群落，进一步提高产量[58]。经壳聚糖叶面喷施处理后的芸豆、豇豆幼苗生长状况较对照有所改善，角瓜、黄瓜、甜瓜的根长分别增加 22%、27.8%和 20%，甜瓜幼苗重量可提高 36%[58]。在草莓生长期用聚谷氨酸稀释 400 倍灌根，草莓根长、叶面积和产量增加，草莓体积增大，果实丰满；硬度增加，便于贮藏运输。在葡萄盛花期和果实膨大期用聚谷氨酸稀释 200 倍灌根，其单粒重、可食率、可溶性固形物、固酸比、维生素 C、还原糖、可溶性蛋白、果皮中单宁含量均增加，果实的内在品质明显改善[59]。在花生苗期每亩施用 400 克聚天门冬氨酸作为肥料增效剂，可以提高花生对氮、磷、钾的吸收量，促进花生干物质的积累，提高花生产量[60]。

参 考 文 献

[1] 中华人民共和国农业部.NY 1107—2010，大量元素水溶肥料 [S]. 北京：中国农业出版社，2010.

[2] 中华人民共和国农业部.NY 2266—2012，中量元素水溶肥料 [S]. 北京：中国农业出版社，2012.

[3] 中华人民共和国农业部.NY 1428—2010，微量元素水溶肥料 [S]. 北京：中国农业出版社，2010.

[4] 中华人民共和国农业部.NY 1429—2010，氨基酸水溶肥料 [S]. 北京：中国农业出版社，2010.

[5] 中华人民共和国农业部.NY 1106—2010，氨基酸水溶肥料 [S]. 北京：中国农业出版社，2010.

[6] 陈清，陈宏坤.水溶性肥料生产与施用 [M]. 北京：中国农业出版社，2016.

[7] 中华人民共和国农业部.NY/T 1115—2006.水溶肥料水不溶物含量的测定 [S]. 北京：中国农业出版社，2006.

[8] 涂攀峰，邓兰生，龚林，等.水溶肥中水不溶物含量对滴灌施肥系统过

滤器堵塞的影响 [J]. 磷肥与复肥，2012，27（1）：72-73.

[9] 闫湘，金继运，何萍，等. 提高肥料利用率技术研究进展 [J]. 中国农业科学，2008，41（2）：450-459.

[10] 中华人民共和国农业农村部. NY/T 3831—2021，有机水溶肥料通用要求 [S]. 北京：中国农业出版社，2021.

[11] 陈清，张强，常瑞雪，等. 我国水溶性肥料产业发展趋势与挑战 [J]. 植物营养与肥料学报，2017，23（6）：1642-1650.

[12] 何永梅，赵安琪. 含腐殖酸水溶肥料在农业生产上的应用 [J]. 科学种养，2012（5）：5-6.

[13] 苏晓樱. 海藻酸及其衍生物的应用进展 [J]. 科技创新与应用，2017（10）：50.

[14] 韩玲，张淑平，刘晓慧. 海藻生物活性物质应用研究进展 [J]. 化工进展，2012，31（8）：1794-1800.

[15] 汤洁. 海藻植物营养剂的开发利用现状和前景 [J]. 中国农技推广，2011，27（6）：41-43.

[16] 刘莉莉，问莉莉，李思东. 海藻营养成分及高值化利用的研究进展 [J]. 轻工科技，2012（3）：10-11.

[17] 王泽文. 海藻植物生长调节剂的检测及促生长作用研究 [D]. 青岛：中国海洋大学，2010.

[18] REGUERA G，LESCHINE S B. Chitin degradation by cellulolytic anaerobes and facultative aerobes from soils and sediments [J]. EMS Microbiology Letters，2001，204：367-374.

[19] GOULD W D，BRYANT R J，TROFYMOW J A，et al. Chitin decomposition in a model soil system [J]. Soli Boil Biochem，1981，13：487-792

[20] 赵丽，王萍. 甲壳素和壳聚糖在水处理中的应用 [J]. 化工环保，2003（4）：213-215.

[21] 吕忠良. γ-多聚谷氨酸（γ-PGA）的分离纯化研究 [D]. 杭州：浙江大学，2008.

[22] 游庆红，张新民，陈国广，等. 平凯聚谷氨酸的生物合成及应用 [J]. 现代化工，2002（12）：56-59.

[23] 张新民，姚克敏，徐虹. 新型高效吸水材料（γ-PGA）的农业应用研究初报 [J]. 南京气象学院学报，2004（2）：224-229.

[24] 汪家铭. 聚 γ-谷氨酸增效复合肥的发展与应用 [J]. 硫磷设计与粉体工程，2010（1）：20-24.

[25] 彭伟，邓桂湖. 聚谷氨酸——新型生物刺激剂在农业上的应用 [J]. 磷肥与复肥，2017，32（3）：24-25.

[26] 方莉，谭天伟. 聚天门冬氨酸的合成及其应用 [J]. 化工进展，2001（3）：24-28.

[27] 梁嘉敏，杨虎晨，张立丹，等. 我国水溶性肥料及水肥一体化的研究进展 [J]. 广东农业科学，2021，48（5）：64-75.

[28] 张强，付强强，陈宏坤，等. 我国水溶性肥料的发展现状及前景 [J]. 山东化工，2017，46（12）：78-81.

[29] 彭贤辉，郭巍，朱基琛，等. 水溶肥料的研究现状及展望 [J]. 河南化工，2016，33（12）：7-10.

[30] MCCULLY M. The rhizosphere：the key functional unit in plant /soil/ microbial interactions in the field. Implications for the understandingof allelopathic effects [C]. Wagga，NSW，Australia：Proceedings of the 4th World Congress on Allelopathy，2005：21-26.

[31] MARSCHNER H. Mineral nutrition of higher plants [M]. London：Academic Press，2011.

[32] SHEN J，YUAN L，ZHANG J，et al. Phosphorus dynamics：from soil to plant [J]. Plant Physiology，2011，156（3）：997-1005.

[33] 车红梅. 日光温室番茄水肥一体化技术试验 [J]. 中国园艺文摘，2018，1：40-41.

[34] 邵凤成. 设施番茄水肥一体化试验 [J]. 南方农业，2018，12（3）：38-39.

[35] 罗东万. 大量元素水溶肥在辣椒上的肥效试验 [J]. 农村科技，2012（10）：18-19.

[36] 周丽群，李宇虹，高杰云，等. 果类蔬菜专用水溶肥的应用效果分析 [J]. 北方园艺，2014（1）：161-164.

[37] 赵晖，常永辉. 大量元素水溶肥料在辣椒上的应用肥效研究 [J]. 农业开发与装备，2017，5：76.

[38] 孙永远. 大量元素水溶肥料在马铃薯上的应用效果研究 [J]. 现代农业科技，2015，14：219-220.

[39] 王志平，王克武，贾立茹，等. 结果期不同水溶肥对温室草莓产量及含

糖量的影响［J］.中国园艺文摘，2014，1：46-47，51.

［40］李慧昱.中量元素水溶肥料对苹果的肥效试验［J］.农业科技与装备，2017，2：16-17.

［41］陈艳.中量元素水溶肥料在葡萄上的应用研究［J］.现代农业科技，2015，21：68，70.

［42］李莹莹，张东旭，王宏辉，等.喷施宝水溶肥对科尔沁区玉米光合特性及产量的影响［J］.现代农村科技，2022（5）：63-64.

［43］光正嘉.高磷钾大量元素水溶肥在水稻和玉米上的应用效果及推广方案设计［D］.长春：吉林农业大学，2023.

［44］闫治斌，闫富海，马明帮，等.水肥一体化模式下多元水溶肥对制种玉米性状和效益的影响［J］.农业科技与信息，2022（6）：1-3，10.

［45］安羿衡，胡鹏飞，费月，等.新型复合肥对水稻生长及产量的影响［J］.吉林农业，2016（13）：73-74.

［46］韩东.雅茗大量元素水溶肥在水稻上应用效果初报［J］.北方水稻，2015，45（2）：57-58.

［47］杨君林，冯守疆，车宗贤，等.大量元素水溶肥对河西绿洲灌区玉米经济性状及产量的影响［J］.甘肃农业科技，2019（12）：18-20.

［48］邢海业.不同滴灌肥棉田肥效试验［J］.农村科技，2011（9）：12-13.

［49］孟令权，潘梅昌，付怀东.含氨基酸等水溶肥料在小麦上的增产效应［J］.农民致富之友，2013（16）：104-105.

［50］石景.氨基酸水溶肥料在水稻上应用效果试验［J］.安徽农学通报（上半月刊），2011，17（13）：50，65.

［51］王兰天.含氨基酸水溶肥料在玉米和白菜上的应用效果研究［J］.河南科学，2013，31（7）：972-974.

［52］陈云，梁建生，刘立军，等.低聚壳聚糖对小麦种子萌发以及幼苗生理生化特性的影响［J］.耕作与栽培，2003（3）：28-29.

［53］周天，胡永军，姜坤，等.壳聚糖对玉米种子萌发和幼苗生长的影响［J］.吉林农业科学，2004（3）：8-10，18.

［54］彭伟，邓桂湖.聚谷氨酸——新型生物刺激剂在农业上的应用［J］.磷肥与复肥，2017，32（3）：24-25.

［55］刘培京.新型海藻生物有机液肥研制与肥效研究［D］.北京：中国农业科学院，2012.

［56］邓秀丽，蓝亿亿，赵华峰，等.含海藻酸有机水溶肥对3种叶菜的肥效

效果评价［J］. 园艺与种苗，2020，40（7）：1-3，13.

[57] 欧阳寿强，徐朗莱. 壳聚糖对不结球白菜营养品质和某些农艺性状的影响［J］. 植物生理学通讯，2003（1）：21-24.

[58] 刘和众，刘东辉，刘丰佳，等. 甲壳素植物生长调节剂在玉米上的应用［J］. 天然产物研究与开发，1996（4）：90-92.

[59] 柴虹，吕春花，王智刚，等. 含有γ-聚谷氨酸的高效微生物肥料的应用研究［J］. 农业与技术，2019，39（3）：8-10，59.

[60] 雷全奎，杨小兰，马雯场，等. 聚天门冬氨酸对土壤理化性状的影响［J］. 陕西农业科学，2007（3）：75-76.

第 4 章　　生物有机肥

4.1　生物有机肥概述

4.1.1　生物有机肥的定义

　　生物有机肥是指特定功能微生物与主要以动植物残体（如畜禽粪便、农作物秸秆等）为来源并经无害化处理、腐熟的有机物料复合而成的一类兼具微生物肥料和有机肥效应的肥料。生物有机肥是随着城乡有机固体废弃物数量不断增加和微生物技术的不断发展，在商品有机肥基础上，研制而成的一种新型肥料，是实现资源节约型、环境友好型社会和乡村振兴、农业可持续发展的必然选择。

　　一方面，生物有机肥不同于微生物肥料和有机肥料，但又与微生物肥料和有机肥紧密相关。有机肥料是天然有机质经微生物分解或发酵而形成的一类肥料。微生物肥料又叫生物肥料，微生物主要是细菌，也常被称为菌肥。微生物肥料的本质就是含有大量有益微生物菌剂，施入土壤后，能够固定空气中的氮元素，或能够活化土壤已有养分、改善土壤应用环境，或因肥料中的微生物产生某些活性物质而刺激植物的生长的一类肥料。另一方面，生物有机肥不同于传统农家肥，也不是单纯的菌肥，是两者的有机结合。因此，生物有机肥兼具微生物肥料和有机肥料两种肥料的特性。此外，生物有机肥还可以简单地视为有机肥料、微生物肥料及少量无机肥料的混合产物，例如：通过科学研究，氨生物有机肥既具有有机肥料、微生物肥料的优势，又具有无机氮肥的特点，可以避免单纯施用这几种肥料出现的问题和不足，且省时又省工[1]。

4.1.2　生物有机肥的功效

生物有机肥是有机肥料、无机肥料、微生物肥料的统一体，有着稳效、长效、高效的特点，除了含有较高的有机质外，还含有特定数量和功能的微生物。生物有机肥含有的微生物具有一定的肥料效应，可以提高土壤肥力、促进作物营养吸收、活化土壤中难溶的化合物等，还可产生多种活性物质和抗（抑）病物质，能够促进作物生长，改善农产品品质，提高作物产量[2]。

（1）促进作物生长，改善作物品质　生物有机肥以动植物残体（如畜禽粪便、农作物秸秆等）为主要原料，经无害化处理、腐熟的有机物料复合而成，其营养丰富全面，不仅富含有机养分、氮磷钾等无机养分、各种中微量元素及其他有益的元素，还富含生理活性物质，如吲哚乙酸、赤霉素、多种维生素以及氨基酸、核苷酸等生理活性物质，当这些物质进入细胞后，可直接参与细胞合成，刺激作物快速生长，促使糖分物质的大量合成，进而提高作物品质。

（2）改善土壤理化性状，提高土壤肥力　生物有机肥营养元素齐全，可以部分替代化肥施用，一方面可以减少化肥用量，减轻土壤板结等问题，起到改善土壤理化性状，增强土壤保水、保肥、供肥的能力；另一方面，生物有机肥含有丰富有机质，有机质经过微生物分解后，可以生成新的腐殖质，这些物质可以促进土壤水稳性团聚体形成，从而改善土壤结构，达到提高土壤肥力的目的。

（3）改善土壤微生物环境　生物有机肥富含有益微生物菌群，环境适应性强，可以发挥种群优势。施入生物有机肥后，土壤微生物在种群数量和组成结构会发生较大变化，进而改善微生物环境。如含有固氮、解磷、解钾微生物的生物有机肥，可以产生大量活性物质，达到改善土壤微生物环境目的。

（4）减少病虫害发生　生物有机肥中的有益微生物进入土壤

后，与土壤中原有的微生物会形成共生增殖关系，从而抑制有害菌生长，并将其转化为有益菌，这样两者相互作用、相互促进，起到群体协同作用。健康的土壤微生态可以抑制或杀死土壤致病菌或害虫卵，同时抗病菌的微生物可以分泌抗生素，抑制病原微生物，提升作物抗病虫害能力[3-4]。

4.1.3 生物有机肥与其他肥料区别

4.1.3.1 生物有机肥与化肥相比

化肥是指用化学和（或）物理方法制成的含有一种或几种农作物生长需要的营养元素的肥料，也称无机肥料。生物有机肥与化肥相比具有以下特点[5-6]：①生物有机肥营养元素齐全，而化肥营养元素只有 1 种或几种；②生物有机肥能够改良土壤，而过量长期施用化肥会造成土壤板结；③生物有机肥能提高作物品质，而过量施用化肥会导致产品品质下降；④生物有机肥能改善作物根际土壤微生物环境，提高作物的抗病虫害能力，而化肥则使作物根系微生物菌群单一，易发生病虫害；⑤生物有机肥能促进化肥的利用，提高化肥利用率；⑥单独施用化肥易造成养分的固定和流失。

4.1.3.2 生物有机肥与农家肥相比

农家肥是指在农村中收集、积制和栽种的各种有机肥料，如人粪尿、厩肥、堆肥、绿肥、泥肥、草木灰等。生物有机肥与农家肥相比具有以下特点[5-6]：①生物有机肥完全腐熟，虫卵含量低，而农家肥堆放简单，虫卵含量较高；②生物有机肥几乎无臭味或气味轻，而农家肥有恶臭气味；③生物有机肥施用方便，施肥均匀，而农家肥施用不方便，肥料不易施用均匀。

4.1.3.3 生物有机肥与精制有机肥相比

精制有机肥是指以畜禽粪便、动植物残体等有机废弃物为主要原料，经过一系列物理、化学或生物处理工艺，去除其中的有害物质，并进行腐熟、除臭、干燥、粉碎等加工过程，使其成为一种营养丰富、品质稳定、易于施用的有机肥料。生物有机肥与精制有机肥相比具有以下特点[5-6]：①生物有机肥经高温腐熟，几乎无病原菌和虫卵，可减少病虫害发生，而精制有机肥主要功能是为植物提供丰富的有机养分，改善土壤的养分状况，促进植物生长，主要通过增加土壤有机质含量，提高土壤保肥保水能力，但在改善土壤微生物群落和抑制病害方面的作用相对较弱；②生物有机肥由于其对土壤微生物群落的改善和对病害的抑制作用，长期使用有助于提高土壤的健康状况和可持续生产能力，尤其适用于土壤板结、微生物群落失衡的土壤，而精制有机肥能快速为植物提供养分，在短期内对植物的生长有明显的促进作用，但长期单独使用可能对土壤微生物群落的改善效果不如生物有机肥明显，需要与其他肥料配合使用，以维持土壤的长期肥力；③生物有机肥的养分含量丰富，且含有益菌群，还可产生各类生长物质，而精制有机肥经过一系列处理，会造成部分养分损失；④生物有机肥经除臭后几乎无臭味或气味轻，而精制有机肥返潮后易出现臭味。

4.1.3.4　生物有机肥与生物菌肥相比

生物菌肥即指微生物（细菌）肥料，简称菌肥，又称微生物接种剂。它是由具有特殊效能的微生物经过发酵（人工培制）而成的，含有大量有益微生物，在土壤中通过微生物的生命活动，改善作物的营养条件。生物有机肥与生物菌肥相比具有以下特点[5-6]：①生物有机肥价格便宜，而生物菌肥价格昂贵；②生物有机肥含有功能菌和有机质，而生物菌肥只含有功能菌；③生物有机肥的有机质环境适宜功能菌生活，施入土壤后功能菌容易存活，而生物菌肥的功能菌可能不适合在所有的土壤环境中存活，存活率相对较低[7]。

4.2　生物有机肥发展现状与趋势

4.2.1　生物有机肥发展现状

生物有机肥是近年来发展起来的一种新型肥料。早在20世纪80年代，世界各国就开始重视生物有机肥的研究与应用，最开始是西欧国家通过添加农副产品的下脚料来处理城市生活垃圾和动物粪肥[1]。20 世纪 90 年代之前，我国生物有机肥料发展还处于无序状态，无质量监管和执行标准[1]。1994 年农业部颁布了生物有机肥料标准《生物有机肥料》（NY 227—1994），这是我国生物有机肥料的第一个标准[8]，这标志这我国生物有机肥料开始步入正轨。2000 年，科技部、财政部和国家税务总局发布了《中国高新技术产品目录（2000 年版）》，在新型肥料中明确提出了生物有机肥的概念，并明确生物有机肥属于高新技术产品[1]。2012 年 6 月 6 日，农业部对生物有机肥的标准进行修订，将原有的生物有机肥国家标准重新修订为《生物有机肥》（NY 884—2012），并于 2012 年 9 月 1 日起正式实施。2014 年，沈其荣教授提到我国有生物有机肥企业 300 多家、产品 2 000 多种，但企业年生产量较小[1]。当前我国生物有机肥产业已经有了一定的发展，但仍存在不足和亟待改进完善的地方，如国内种植用户使用生物有机肥的积极性不高，生物有机肥主要应用在蔬菜、水果、中草药、烟草等附加值较高的经济作物上；市场上生物有机肥品种繁多、包装丰富多样、质量良莠不齐等。但随着消费水平和安全意识的提高，人们对绿色有机农产品的需求日益增强，生物有机肥也越来越受到重视，将成为农业生产的必然选择[1]。

4.2.2　生物有机肥发展趋势

生物有机肥的开发应用是实现有机肥替代化肥，培肥土壤、减施化肥的一项重要举措，也是推广水肥一体化、实现节水节肥、克服土壤盐渍化的一项重要举措。同时，随着人们生活水平的提高，全球都在积极发展绿色农业、绿色食品，这就要求农业生产过程中应尽量少用化学肥料、化学农药和其他化学物质，而大量使用生物有机肥就是保护环境、提升食品品质、生产绿色食品的关键。此外，生物有机肥还能将有机废弃物"变废为宝"，实现资源化利用，具有较高的经济效益、生态效益和社会效益，是实现农业可持续发展的有力保障。因此，未来生物有机肥必将成为肥料行业生产和农资消费的热点，具有广阔的发展前景。

4.3　生物有机肥施用方法

4.3.1　生物有机肥常用施肥方法

　　不同作物施用生物有机肥时要选择不同的施肥方法。撒施，结合深耕，将生物有机肥均匀地撒施在根系周围或经常保持湿润状态的土层中，使土肥混合均匀[9]。条状沟施，对于条播作物或葡萄等果树，在距离果树约 5 厘米处开沟施肥[9]。环状沟施或放射状施，对于苹果、桃、柑橘等幼年果树，在距树干 20～30 厘米处绕树干开一环状沟，施肥后覆土；对于苹果、桃、柑橘等成年果树，在距树干约 30 厘米处按果树根系伸展情况，向四周开 4～5 个约 50 厘米长的沟，施肥后覆土[9]。穴施或蘸根，对于点播作物或移栽作物，如棉花等，将肥料施入播种穴，然后播种或移栽；如水稻、番茄等，将苗根浸蘸肥液，然后定植[9]。拌种，对于小麦、花卉、油菜等，用生物有机肥与种子拌匀后一起播入土壤[9]。盖种肥，开沟播种后，将生物有机肥均匀地覆盖在种子上面[9]。

4.3.2　生物有机肥的有效施肥深度及施肥量

　　（1）施肥深度　生物有机肥的有效施肥深度一般在土表层下 15 厘米左右的根系密集区，同时要根据土壤性质、作物种类、气候条件和施肥方法对施肥深度进行调整[1]。从土壤性质看，黏土应施肥翻耕浅一些，沙土可以深一些。从作物种类看，果树等植株根系较深的作物，施肥要深一些；而小白菜等根系较浅的蔬菜作物，施肥要浅一些。从气候条件看，降雨少的地区或旱季施肥后可翻耕深一些；温暖而湿润的地区或雨季，翻耕应浅一些。从施肥方法看，种肥、基肥和追肥的施肥深度不同，种肥的施肥深度要与种子的播种深度相适应，才能达到施用种肥的目的[1]。

　　（2）施肥量　施入生物有机肥能够改良土壤结构，但也不能过量施用。由最小养分定律得知，农作物产量是由土壤中含量相对最少的一种养分决定的，当作物施肥量超过最高产量的需用量时，产量会随施肥量的增加而减少，并且还增加了投入成本，变相地减少了收益。因此，要科学地施用生物有机肥，应根据不同作物的需要和土壤养分状况确定施用量，这样才能达到增产增收的目的[2]。

4.3.3 生物有机肥与化肥配施

生物有机肥可以作种肥也可以作追肥，与化肥配施效果更佳[1]：

（1）提高化肥的肥效 单独施用过磷酸钙肥料时，肥料施入土壤后，肥料中的磷元素易被土壤固定而失去活性。若将过磷酸钙肥料与生物有机肥混合后施用，则可以减少过磷酸钙化肥与土壤的接触面，可以减弱磷的固定作用，减少养分的损失，同时化肥还可以被生物有机肥吸收保蓄，进一步减少养分流失。

（2）减少化肥施用后产生的副作用 单独施用较大量化肥或化肥施用不均匀，容易对作物产生毒害作用，例如：长期施用生理酸性肥料，会导致土壤变酸，产生过多的活性铁、活性铝等有毒物质。若与生物有机肥混合后施用，则可以避免此类问题的发生。

（3）增加作物养分、改良土壤 化肥养分单一，只能为作物提供一种或几种养分，长期施用会使作物产生缺素症，而生物有机肥所含养分全面、肥效稳定且持续时间长，含有大量的有益微生物和有机质，能够提供给作物更丰富的养分。同时，施用生物有机肥还能改善土壤理化性状和微生态环境，增强土壤中酶的活性，也有利于养分转化。

4.4 生物有机肥的施用效果

土壤生物功能下降是我国耕地质量障碍因子中最核心的因子。生物有机肥对农业生产的效果是多方面、综合性的。首先，生物有机肥以农业废弃物为原材料，可以将农业废弃物和作物生长有机结合起来，是畜禽养殖废弃物资源化利用的重要手段之一。农业废弃物中含有丰富的作物生长必需的营养元素和有机养分，将其资源化利用制成生物有机肥，通过微生物的作用使有机物矿质化、腐殖化和无害化，以供作物吸收利用，不仅可以缓解农业废弃物对环境压力，变废为宝，还能获得一定的经济效益[2,10]。其次，生物有机肥可以提高土壤肥力、改善作物品质。生物有机肥是集有机肥料和生物肥料优点于一体的一种新型肥料，能提高作物产量、培肥地力，还能调控土壤微生态平衡，符合中国农业可持续发展和绿色农产品生产的方向。

（1）在化肥基础上，配施生物有机肥，可以提高作物产量，增加经济效益 朱建强等人在加工辣椒特色农产品上进行生物有机肥配施化肥试验，结果表明，生物有机肥部分代替化肥后，不仅可以增加加工辣椒产量、提高加工辣椒的品质，还可以有效提高土壤肥力，增加农田生产力[11]。王芹许等人在小白菜上进行生物有机肥试验，结果表明，在常规对照施肥的基础上增施生物有机肥，产量可以提高 36.2%，净收益可达 7 055 元/亩；而增施生物有机肥灭活基质，产量可以提高 30.1%，净收益可达 6 707 元/亩，施用生物有机肥后具有明显增产增收效果[12]。李平等人在结球甘蓝上进行生物有机肥试验，结果表明，在施用化学肥料的 3 个处理中，加施有机肥 2 个处理，在氮、磷、钾减量 10% 的情况下，产量比农户习惯施肥处理分别增加了 1 111 千克/亩和 673.3 千克/亩，增产效果明显[13]。

（2）在化肥减施条件下，施用生物有机肥，可以提高作物产量和品质 胡卫丛等人在水果黄瓜上的试验结果表明，化肥减施 30% 配施生物有机肥对水果黄瓜株高、茎粗、叶绿素含量等生长指标均有不同程度的促进作用；还能提高水果黄瓜中可溶性蛋白和可溶性糖的含量，使水果黄瓜品质明显提高，与常规施肥相比收益提高 44.7%，且差异显著[14]。孔海民等人用生物有机肥代替普通商品有机肥料作底肥，追施微生物菌肥，化肥减量 10%，结果表明，施用生物有机肥可明显增强植株抗病性，提高葡萄果实中的总糖含量，提升土壤肥力，促进植物生长[15]。陈佳佳探讨化肥减施、配施生物有机肥料对花生生长的影响，结果表明，化肥减施、配施生物有机肥处理下的花生叶片叶绿素 SPAD 值、主茎高、第一侧枝长高于纯化肥组和其他对照组，整个生育期根、茎、叶干物质积累量及生物总量均高于对照组，生物有机肥替代 40％化肥，每亩产量较纯化肥组提高 11.3％，适宜的化肥减施可提高花生产量[16]。

（3）施用生物有机肥可以改良土壤理化性质和微生物环境　长期施用生物有机肥能够调节土壤中微生物的区系组成，使土壤中的微生态系统结构发生改变[17]。王海婷等人在烟草上连续 5 年施用生物有机肥，结果表明，与常规烟草专用肥相比，施用生物有机肥土壤烟草青枯病发病率降低了 89.8％，同时青枯雷尔氏菌相对丰度也显著降低，降幅达 40.1％；土壤 pH、碱解氮含量和有效磷含量显著增加，分别增加了 1.2、12.1％和 60.2％；施用生物有机肥后根际土壤微生物显著富集，不仅改善了作物生长的土壤环境，显著提高了土壤 pH 和土壤速效养分含量，还促使潜在有益菌在根际土壤中富集，抑制了青枯雷尔氏菌的生长，从而减少了病害的发生[18]。

（4）施用生物有机肥可以减轻病虫害发生　生物有机肥可以在作物根系形成优势有益菌群，进而抑制有害病原菌繁衍，增强作物抗逆抗病能力，降低作物重茬种植的病情指数[17]。生物有机肥中的有益微生物与作物根际形成一种互惠互利的共生关系，使作物根系发达、生长健壮，增强抵抗力，减少病害发生。功能性微生物在生长繁殖过程中，向作物根际土壤微生态系统内分泌各种物质，这些物质能够刺激作物生长，提高作物抵抗不良环境的能力，有些微生物可产生抗生素，抑制土壤中病原微生物的繁殖。

参 考 文 献

---

[1] 汪建飞．有机肥生产与施用技术［M］．安徽：安徽大学出版社，2014.

[2] 龚大春．农业微生物菌剂和生物有机肥［M］．北京：化学工业出版社，2022.

[3] 薛玉霞．生物有机肥功效与优点［J］．四川农业科技，2013（10）：45.

［4］郭之乐，杨宸，孙朝阳，等．生物有机肥在作物品质改良和土壤修复中的研究进展［J］．湖南农业科学，2022（11）：101-106.

［5］本刊编辑．生物有机肥和农家肥的区别［J］．湖南畜牧兽医，2018（1）：55.

［6］本刊编辑．生物有机肥与农家肥有何区别［J］．北方园艺，2011（14）：55.

［7］中农绿康．有机肥与生物菌肥的区别［J］．农村新技术，2017（8）：37-38.

［8］赵秉强．新型肥料［M］．北京：科学出版社，2013.

［9］冯国明．有机肥高效施用"四关键"［J］．农业机械，2015（22）：51.

［10］田苗，李鹏，赵坤，等．生物有机肥及其应用效果［J］．现代化农业，2023（1）：27-30.

［11］朱建强，路宏中，张国森，等．生物有机肥部分替代化肥对加工辣椒产量、品质、土壤养分及肥料利用率的影响［J］．农业科技与信息，2023（1）：81-86.

［12］王芹许，爱霞．生物有机肥在小白菜上的应用肥效试验初报［J］．农业科技与信息，2023（1）：108-111.

［13］李平，邹俊超，赵娟莉，等．弥勒市生物有机肥对结球甘蓝产量的影响［J］．云南农业科技，2023（1）：8-10.

［14］胡卫丛，黄忠阳，张宗俊，等．化肥减施条件下木霉菌生物有机肥对水果黄瓜生长及品质的影响［J］．长江蔬菜，2023（4）：63-66.

［15］孔海民，陆若辉，曹雪仙，等．生物有机肥对葡萄品质、产量及土壤特性的影响［J］．浙江农业科学，2022，63（1）：77-79.

［16］陈佳佳．化肥减施配施生物有机肥对花生生长及土壤微生物菌群的影响［D］．长沙：湖南农业大学，2020.

［17］朱安香．生物有机肥在设施黄瓜上的肥效试验报告［J］．青海农技推广，2021（4）：74-76.

［18］王海婷，彭佩钦，陈剑平，等．生物有机肥对烟草根际微生物群落及青枯雷尔氏菌丰度的影响［J］．土壤通报，2023，54（1）：126-137.

第5章　土壤调理剂

5.1　土壤调理剂概述

土壤是人类赖以生存的物质基础，是最基本的生产资料。我国土地资源非常有限，且因人为因素或成土因素等原因导致还存在相当比例的具有障碍因子的土壤，主要包括结构或耕性差、土壤污染、盐碱、酸化、侵蚀、质地不良、土壤水分过多或不足、肥力低下或营养元素失衡、土壤中存在妨碍植物根系生长的不良土层等。通常情况下障碍性土壤很难被利用，但是近些年来，利用调理剂进行土壤改良呈现出较好的效果。

5.1.1　土壤调理剂定义

土壤调理剂（又称为土壤改良剂）是一类主要用于改良土壤性质以便更有利于作物生长，而并非是主要为作物生长提供所需养分的物质。土壤调理剂源自农业生产实践，是广大农民群众长期实践经验的总结。例如，酸性土壤施用石灰是最常用的土壤酸碱度调节方法；针对土壤质地不良的情况，客土法的沙掺黏、黏掺沙是一个非常有效的措施；在南方红土丘陵地区，酸性黏质红壤和石灰质的紫沙土往往相间分布，将紫沙土掺拌于黏质红壤中，便可改良土壤质地，调节土壤酸碱度；在黄土高原地区，农民有施用黑矾（或称绿矾，$FeSO_4 \cdot nH_2O$）的习惯，施用后土壤疏松，能起到较好的改良作用。近些年，伴随着我国土壤质量退化问题的逐渐严重，土壤调理剂也得到了越来越多人的关注，商业化、规模化和系统化研究开发土壤调理剂逐步开展起来。

目前，学术界对土壤调理剂尚无统一定义。农业农村部肥料登记评审委员会通过的土壤调理剂效果试验和评价技术中将土壤调理剂定义为加入土壤中用于改善土壤的物理、化学和/或生物性状的物料，用于改良土壤结构、降低土壤盐碱危害、改善土壤水分状况或修复污染土壤等。国家质量监督检验检疫总局联合国家标准化管理委员会于 2016 年发布《肥料和土壤调理剂术语》（GB/T 6274—2016），将土壤调理剂定义为加入土壤中用于改善土壤的物理和（或）化学性质，及（或）其生物活性的物料。

5.1.2　土壤调理剂分类

土壤调理剂种类繁多，没有统一的分类标准。目前主要根据其剂型、产品来源、加工过程、材料性质、产品功能、用途进行分类。

（1）按照剂型分类可分为粉剂、水剂、颗粒剂三种。目前农业农村部登记的产品来源分为三大类：第一类是以聚酯为原料的农林保水剂，第二类是以味精发酵尾液、餐厨废弃物和禽类羽毛等为原料的有机土壤调理剂，第三类是以牡蛎壳、钾长石、麦饭石、蒙脱石、沸石、硅藻土、菱镁矿和磷矿等为原料的矿物源土壤调理剂。

（2）按照加工过程可分为人工合成土壤调理剂，即高分子聚合物聚丙烯酰胺、免深耕土壤调理剂、生物制剂等；天然土壤调理剂，即膨润土、天然石膏、牡蛎壳、蒙脱石粉等；工农业生产过程中产生的副产物或废弃物，即磷石膏、碱渣、脱硫废弃物、菇渣等。

（3）按照材料性质可分为合成土壤调理剂，即加入土壤中用于改善其物理性质的合成的产品；无机土壤调理剂，即不含有机物，也不标明氮、磷、钾或微量元素含量的调理剂；添加肥料的无机土壤调理剂，即具有土壤调理剂效果的含肥料的无机土壤调理剂；有机土壤调理剂，即来源于植物或动植物的产品，用于改善土壤的物理性质和生物活性。由于有机土壤调理剂所含的主要养分总量很低，通常不足最终产品的 2%，故不能归作肥料；有机-无机土壤调理剂，即其可用物质和元素来源于有机和无机物质的产品，由有机土壤调理剂和含钙、镁和（或）硫的土壤调理剂混合和（或）化合制成。

（4）按照不同产品功能可分为土壤胶结剂、土壤调酸剂、土壤增温剂、土壤保水剂等。即团聚分散土粒、改善土壤结构的土壤胶结剂，固定表土、防止水土流失的土壤胶结剂，调节土壤酸碱度的土壤调酸剂，能增加土壤温度的土壤增温剂，能保持土壤水分的土壤保水剂等。保水型土壤调理剂又分为液体保水剂和固体保水剂，其中固体保水剂又包括淀粉系、共混物及复合系、蛋白质、合成树脂系、纤维素系等。

（5）按照用途可分为酸性土壤调理剂、碱性土壤调理剂、营养型土壤调理剂、有机物土壤调理剂、无机物土壤调理剂、防治土传病害的土壤调理剂、微生物土壤调理剂、豆科绿肥土壤调理剂和生物制剂调理剂等。

目前，土壤调理剂多为同时具备多种特性和作用的复合型制剂，一般以改良土壤障碍因子为主要功能，同时兼顾提高土壤肥力和植物营养，甚至是微生物状况，少量添加了一些肥料或微生物制剂。

5.2　土壤调理剂发展现状与趋势

土壤调理剂的研究始于 19 世纪末[1]，距今已有百余年历史。早在 20 世纪初期，西方国家就利用天然有机物质如多糖、淀粉共聚物等进行土壤结构的改良研究。这些物质分子量相对较小，活化单体比例高，施用后易被土壤微生物分解且用量较大，因此未能得到广泛应用。20 世纪 50 年代以来，人工合成土壤调理剂逐渐成为研究热点。美国首先开发了商品名为 Kriluim 的合成类高分子土壤结构改良剂，之后人们对大量的人工合成材料包括水解聚丙烯腈（HPAN）、聚乙烯醇（PVA）、聚丙烯酰胺（PAM）、沥青乳剂（ASP）及多种共聚物进行了较为深入的研究，其中聚丙烯酰胺是目前应用较多的土壤改良剂之一[2]。20 世纪 80 年代，人工合成高聚物土壤调理剂达到研究和应用高潮，技术领先国家包括美国、苏联、比利时等，其中以比利时的 TC 调理剂[3] 和印度的 Agri - CS 调理剂最为成功。

1982 年，我国农牧渔业部从比利时引进聚丙烯酰胺和沥青乳剂，应用于渠道防渗、盐渍土改良、造林、种草、防治水土流失、旱地增温、保墒等方面[4]。近年来，商品化土壤调理剂在我国的种类和数量均呈增加趋势，企业层面的研究和推广非常活跃。此外，国外一些应用较为成熟的产品也进入国内市场。农业农村部肥料登记公告信息显示，目前获得国家行政审批的土壤调理剂产品达到了40 多个。这些土壤调理剂产品的主要功能包括改良土壤结构、降低土壤盐碱危害、调节土壤酸碱度、改善土壤水分状况或修复污染土壤等；原料种类也比较繁杂，包括天然矿石（如蒙脱石、白云石、钾长石、磷矿石等）、天然活性物质（如生化黄腐酸）、工农业废弃物（如味精发酵尾液）、人工合成聚合物（如月桂醇乙氧基硫酸铵、聚马来酸等）。

目前大多数土壤调理剂的制备工艺简单、成本低，通常采用造粒、水热法、焙烧、化学法和比例复配等方法。如使用大量天然矿物为原材料土壤调理剂一般采用焙烧后粉碎至一定粒径或采用加入化学试剂的水热法工艺制备；全部使用化学制剂为原材料的一般采用比例复配的工艺制备；含有大量有机物料的土壤调理剂一般采用造粒、干燥、粉碎的工艺制备；也有采用化学法制备具有高性能的土壤调理剂。未来土壤调理剂的制备需考虑使用简单的工艺制备出具有高性能的产品，也可使用化学法制备出具有温度、pH 双重智能响应微胶囊土壤调理剂，其能够智能感应温度和 pH，缓释效果良好，能够适合作物生长周期。此外，土壤调理剂的制备工艺也需要向对环境友好、经济环保的方向发展。

近年来，土壤面临的重金属污染、养分失衡、土壤酸化、盐渍化、土壤板结以及土传病害等问题常呈现复合化特点，因此土壤调理剂的研发向多功能化方向发展。土壤调理剂不仅可以降低土壤中重金属的有效性，还可以提高土壤肥力、增加作物产量、防止病虫害和缓解土壤酸化等。据范贝贝[5]统计，2011—2020 年的申请的1 678 件国内土壤调理剂专利中，超过 50％的土壤调理剂是多功能化的。2019—2020 年国内共申请 179 件土壤调理剂专利中只有 35件土壤调理剂具有单一的功能，约 80％的土壤调理剂具有两种或两种以上功能，更好地应用于土壤修复中。如使用凹凸棒石、钙基矿物材料等制备出具有提高土壤肥力、改善土壤理化性质和钝化重金属功能的土壤调理剂。在未来研发多功能土壤调理剂时，也需要关注有机-无机复合污染，如抗生素-重金属复合污染、氮磷-重金属复合污染等。

此外，土壤调理剂在钝化重金属方面的功能占比呈逐年增长的趋势，在研发新型土壤调理剂时，应注重制备工艺，探求绿色经济的生产，同时也应注重钝化机制的创新，更多地关注重金属复合污染、抗生素-重金属污染等土壤复合污染。

5.3　土壤调理剂施用方法

土壤调理剂一般分为固态和液态两种，其中固态调理剂可采用撒施、沟施、穴施、缓施和拌施等方法施入土壤，而液态调理剂则一般采用地表喷施、灌施等方法，具体施用方式应视调理剂的性质及当地的土壤环境而定。将固态调理剂直接施入土壤后，虽然可吸水膨胀，但是很难溶解进入土壤溶液，其改土效果往往受到影响；而在相同的情况下，将调理剂溶于水后再施用，土壤的物理性状明显得到改善。众多学者试验结果证明，固态调理剂施入土壤后虽可吸水膨胀，但很难溶解进入土壤溶液，未进入土壤溶液的膨胀性改良剂几乎无改土效果，因此，目前使用较多的为水溶性调理剂。另外，两种土壤结构调理剂混合使用，或土壤调理剂与有机肥、化肥同时施用能起到改良土壤理化性状、提高土壤养分含量的双重作用，并显著提高作物产量。

土壤调理剂的具体使用量应考虑调理剂的材料特点。如果是天然资源调理剂，施用量可以大一些，而且适宜用量的范围较宽；而人工合成调理剂，因效能和成本均较高，则用量要少得多。例如，风化煤加入适量氨水或与碳酸氢铵堆腐用于培肥改土，每亩施用量为 30～100 千克，可撒施后耕翻入土或沟施、穴施；聚丙烯酰胺以增加土壤团粒结构为主要目的，每亩适宜用量一般为 1.33～13.3 千克，可液态喷施地表或干撒于表土，用圆盘耙翻土混匀。要注意调理剂用量少了不起作用，用多了不但增加成本，还可能收到相反的效果。土壤调理剂用量的多少直接影响改土效果，一般以占干土重的百分率表示。若施用量过少，团粒形成量少，改良土壤的效果不明显，甚至无改土效果；施用量太大，成本提高，造成浪费，有时还会发生混凝土化现象，起到反作用。现今，因调理剂的种类繁多，其具体用量各不相同。许多土壤调理剂不但具有改良土壤结构的功能，更是具备了增加土壤肥力、活化土壤营养成分的作用，所以其用量变化很大，很多调理剂的用量都超过了 1 千克/米^2。

此外，应考虑调理剂的施用条件。土壤条件对调理剂的施用效果影响较大。土壤墒情影响调理剂散布均匀性，土壤含水量过高，耕性较差，田间操作困难，而且难以混拌均匀；土壤质地影响调理剂对土粒的团聚效果，黏土较沙土的团聚效果好，有机质含量高的较含量低的效果好。购买或施用土壤调理剂不仅要考虑改土需要，还要考虑经济条件，量力而行。要充分利用廉价的天然资源，如草炭、秸秆及石灰、石膏等矿物质。但有机物料和天然矿物的用量较大，应就近开发、就近施用。

5.4　土壤调理剂施用效果

近年来国内外研究结果表明，土壤调理剂对障碍土壤的改良效果包括：调节土壤沙黏比例，改善土壤结构，促进团粒结构形成；提高土壤保水持水能力，增加有效水供应；调节土壤 pH，降低或减少铝毒危害；改良盐碱土，调节土壤盐基饱和度和阳离子交换量；调理失衡的土壤养分体系，促进有效养分供应；修复污染土壤，钝化重金属离子；调节土壤微生物区系，保持土壤微生物环境良好。

5.4.1 改良土壤质地与结构

土壤质地和土壤结构是土壤肥力的重要基础。良好的土壤结构能保水保肥，及时通气排水，调节水气矛盾，协调水肥供应。土壤质地和结构不良往往伴随存在，而某些天然矿石、固体废弃物、高分子聚合材料和天然活动物质等原料制造的土壤调理剂都已证明对土壤质地和结构具有较好改良效果。杨锡良[6]等研究得出"Agri - SC"免深耕土壤调理剂具有吸附和不降低表面张力等性质，入土后会很快富集到土壤有机质上，且具有很强的亲水基，能吸引土层内部分无机土粒中的水到有机质上，使土粒失水而膨大、微孔隙增多、土壤容重降低、孔隙度增加。

在我国农业生产中，石灰和石膏的利用较普遍。近些年，泥炭、褐煤和风化煤等用于农业生产越来越多。这类物质富含腐植酸、有机质和氮磷钾养分，对于改良土壤结构、培肥地力具有较好效果。利用沸石、蛭石、膨润土、珍珠岩等天然矿石制造而成的土壤调理剂多具有高吸附性、离子交换性、催化和耐酸耐热等性能，且富含 Na、Ca 及 Sr、Ba、K、Mg 等金属离子。如魏莎[7]等利用天然沸石加香叶天竺葵（稀释 300 倍）对连作的切花菊土壤进行改良，结果显示施用调理剂后，存在连作障碍的土壤容重和土壤水吸力降低，总孔隙度、毛管孔隙度和通气孔隙度增加，土壤 pH 和EC 值降低。人工合成高聚物广泛用于改良土壤结构。水溶性非交联性聚丙烯酰胺（PAM）是一种研究和应用都非常广泛的高聚物土壤调理剂，有极强的絮凝能力，对土壤分散颗粒起着很好的团聚化作用，施入土壤后土壤微团聚体组成发生变化，土壤的结构系数和团聚度均明显提高。王小彬[8]等的研究表明，PAM 作为土壤调理剂喷施后，土壤容重降低、总孔隙度增加 2.1%，透气性也得到改善。张宏伟[9]等利用硝基腐植酸（NHA）、丙烯酸（AA）和丙烯酰胺（AM）作为共聚物组成制作土壤调理剂，施用后土壤比表面积、电荷量和阳离子交换量等指标都得到了提高。分析土壤比表面积增加的原因，张宏伟认为共聚物本身具有巨大的比表面积及共聚物所具有的极性集团和链节进入黏土矿物晶层，起到了扩层和剥离作用。

近年来，粉煤灰和脱硫废弃物作为土壤调理剂施用较多。粉煤灰具有多孔结构，粒径在 0.5～300 微米，具有非常大的比表面积。因此，粉煤灰作为调理剂对黏质土壤的物理性质有良好的调节作用，使黏质土壤的黏粒含量减少、沙粒含量增加，降低了土壤容重，增加了孔隙度，缩小了膨胀率。

5.4.2　提高土壤保水供水能力

土壤的保水供水能力是土壤肥力或者生产力的重要影响因素。由于我国是严重干旱缺水国家，农林保水剂在我国推广和应用广泛。武继承[10]等在河南省西部丘陵旱作耕地上，研究了保水剂、秸秆覆盖和地膜覆盖对冬小麦生长发育、土壤水分和降水利用的影响，结果表明，在小麦拔节期保水剂保墒效果最佳，并且最终试验结果表明，以秸秆覆盖加保水剂处理小麦产量最佳，增产 14.2%～20.1%，地膜加保水剂处理次之，平均增产 11.9%。因此，保水剂的应用可有效改善土壤水分状况，提高水利用率。

5.4.3　调节土壤酸碱度

在我国南方，红壤旱地是重要的农业土壤资源，土壤酸化是其主要的障碍因素；在我国北方，近年来蔬菜大棚种植模式发展迅速，保护地土壤障碍问题严重，土壤酸化问题也相当突出。

对于土壤酸化问题的解决，酸性土施用石灰进行调节是过去常见的改良手段，而近年来，以碱渣、粉煤灰和脱硫废弃物等为主要原料的土壤调理剂也取得了较好的应用和推广效果。陈燕霞[11]等研究表明,施用石灰或石灰加沸石可以显著或极显著降低菜园酸化土壤中的交换性铝含量,减少铝毒,提高土壤 pH。黄庆[12]等利用碱渣和城市污泥制造的多元酸性土壤调理剂改良酸性菜园土的试验发现,pH 提高 0.69,盐基饱和度提高 33.18%,有效铝降低40.39%。烟气脱硫废弃物可用于碱性土改良,主要是由于烟气脱硫技术多采用钙基物质作为吸收剂,将其施用到土壤后可以降低土壤 pH。1992 年,Clark 最早研究了脱硫废弃物改良酸性土壤,收到了较好的效果。此外,也有人工合成高聚物对土壤酸碱度进行调节的研究。张宏伟[9]等利用腐殖酸共聚物改良赤红壤的酸碱度,土壤 pH 由 4.56 提高到 6.34,土壤由强酸性变成了接近中性,改良效果明显。

5.4.4 改善土壤的养分供应状况

土壤调理剂通常使用多种基础原料制造而成,本身可能就含有一定量的氮、磷、钾养分,但是相对于肥料而言其数量有限。某些土壤调理剂具有调节土壤保水保肥的能力,因此可改善土壤营养元素的供应状况。土壤调理剂的施用对土壤固定态或缓效养分起到调节或激活作用也应引起关注,其中机制应包括土壤结构改善、土壤酸碱度调节、土壤生化特性改良等方面,多种因素促进了养分元素的释放和对植物有效性的提高。

沸石因其独特的结构特点,施用后既可增加土壤对 NH_4^+、K^+ 的吸附,提高土壤保肥性能,又能在植物需要时重新释放,增加养分利用的有效性,广泛应用于土壤改良。魏莎[7]等利用天然沸石加香叶天竺葵(稀释 300 倍)对连作的切花菊土壤进行了改良,结果显示施用调理剂的土壤全氮、有效磷和有机质含量均有一定程度的提高。北方石灰性土壤上磷肥利用率较低,侯宪文[13]研究了风化煤、糠醛渣和膨润土对土壤磷的活化,认为风化煤中的腐植酸类物质和糠醛渣中残留的硫酸对土壤无效磷转化为有效磷起到了关键作用。郭和容[14]等则对南方酸性土壤的磷活化进行了研究,以沸石和蒙脱石作为原材料，加入硅酸钙粉、橄榄石粉、硫粉等对酸性土壤固磷起到了调节作用，提高了磷肥利用效果。夏海江[15]等研究表明，施入 PAM 后可增加土壤的保肥能力，减少土壤养分流失，土壤有机质、碱解氮、有效磷和速效钾含量均高于未施用区。

5.4.5　修复重金属污染土壤

　　随着工业的发展，重金属污染土壤事件时有发生。目前修复重金属污染土壤的方法有微生物修复、植物修复、物理化学修复等，而物理化学修复包括化学固化、土壤淋洗和电动修复等。其中的化学固化就包括加入土壤调理剂如石灰、磷灰石、沸石等，通过对重金属离子的吸附或（共）沉淀作用改变其在土壤中的存在形态，从而降低其生物有效性和迁移性。黏土矿物粒度细、表面积大，可利用它的可变电荷表面对重金属离子的吸附、解吸、沉淀来控制重金属元素的迁移和富集。我国有着丰富的黏土矿物资源，蒙脱石、伊利石和高岭石都是常见的重金属的吸附材料。王毅[16]等对蒙脱石进行改性后用于铅、汞吸附试验取得了较好的效果，改性硫代蒙脱石对铅离子饱和吸附值达 70 毫克/克，而对汞离子的饱和吸附值达 65 毫克/克。麦饭石被认为是一种"药石"，经风化、蚀变而形成多孔海绵状结构，其有很强的吸附性能。麦饭石长期以来在食品、保健和医疗领域应用广泛，同时由于其对重金属离子也同样具有的强大吸附性能，也在重金属污染土壤改良领域受到推崇，其对砷、汞、铅、铬等重金属的吸附可达 96%。徐明岗[17]等以石灰、有机肥和海泡石作为重金属污染土壤改良剂，对抑制土壤重金属向植物迁移效果明显。试验采用人工培育成的三级镉、锌污染土壤（加入硝酸盐使土壤重金属达到 Cd 1 毫克/千克，Zn 500 毫克/千克），施用调理剂后能不同程度降低收获物小油菜中的镉含量，尤其是第二季和第三季种植的小油菜中的锌含量已符合国家食品卫生标准要求。周华[18]以熟石灰、钙镁磷肥和柠檬酸等作为土壤改良剂改良重金属镉、铅污染的菜园土，结果显示几种改良剂均可有效降低重金属对供试作物生长的影响。试验证明熟石灰和钙镁磷肥的加入明显提高了土壤 pH，降低了土壤中两种重金属的生物有效性，而柠檬酸是一种有机酸，与土壤中重金属离子发生了络合作用。

5.4.6 土壤调理剂的其他功能

除上述 5 个方面的主要效果外，某些土壤调理剂施用后还对土壤的微生态环境起到了改善作用，促进了有益微生物的繁殖，抑制了病原菌和有害生物的活性，对一些传统的土传病害也有一定效果。

邢世和[19]等利用石灰、粉煤灰、白云石、废菌棒和化肥制成不同组合的土壤改良剂，研究其对土壤微生物、酶活性和烤烟产量的影响，结果显示施用不同组合的土壤改良剂明显促进了耕层土壤5种微生物（细菌、放线菌、磷细菌、钾细菌和纤维分解菌）的繁殖，提高了酶（过氧化氢酶、脲酶、磷酸酶、纤维素酶）活性。刘巧真[20]等也有类似研究结论，烟田施用腐植酸和硫黄后提高了过氧化氢酶和碱性磷酸酶的活性，增加了土壤微生物总量。此外，还有研究以木醋液作为土壤改良剂，以叶面喷施加灌根方式防治番茄早疫病取得了一定效果。

───── 参 考 文 献 ─────

[1] 陈义群，董元华.土壤改良剂的研究与应用进展 [J].生态环境，2008，17（3）：1282-1289.

[2] 韩小霞.土壤结构改良剂研究综述 [J].安徽农学通报，2009，15（19）：110-112.

[3] 蔡典雄，张志田，张镜清，等.TC土壤调理剂在北方旱地上的使用效果初报 [J].土壤肥料，1996（4）：34-36.

[4] 朱咏莉，刘军，王益权.国内外土壤结构改良剂的研究利用综述 [J].水土保持学报，2001，15（6）：140-142.

[5] 范贝贝，彭宇涛，张冉，等.基于专利文献计量来看我国土壤调理剂发展趋势 [J].中国农业大学学报，2021，26（6）：141-149.

[6] 杨锡良，赵仁昌."免深耕"土壤调理剂的开发应用 [J].企业技术开

发，2002（2）：31-33.

[7] 魏莎，李素艳，孙向阳，等．土壤调理剂对连作切花菊品质和土壤性质的影响［J］．中国农学通报，2010，26（20）：206-211.

[8] 王小彬，蔡典雅．土壤调理剂 PAM 的农用研究和应用［J］．植物营养与肥料学报，2000，6（4）：457-463.

[9] 张宏伟，陈志泉，宁平，等．腐殖酸共聚物土壤改良剂对土壤化学性能的影响［J］．水土保持通报，2003，23（6）：36-38.

[10] 武继承，管秀娟，杨永辉．地面覆盖和保水剂对冬小麦生长和降水利用的影响［J］．应用生态学报，2011，22（1）：86-92.

[11] 陈燕霞，唐晓东，游媛，等．石灰和沸石对酸化菜园土壤改良效应研究［J］．广东农业科学，2009，40（6）：700-704.

[12] 黄庆，林小明，柯玉诗，等．多元酸性土壤调理剂在辣椒上的施用效果研究［J］．广东农业科学，2007（1）：42-44.

[13] 侯宪文．几种调理剂对石灰性土壤中无机磷活化及作用影响的初步研究［D］．太谷：山西农业大学，2004.

[14] 郭和容，陈琼贤，郑少玲，等．营养型土壤改良剂对酸性土壤中磷的活化及玉米吸磷的影响［J］．华南农业大学学报（自然科学版），2004，25（1）：29-32.

[15] 夏海江，杜尧东，孟维忠，等．聚丙烯酰胺防治水土流失的效果［J］．生态学杂志，2001，20（1）：70-72.

[16] 王毅，王艺，王恩德．改性蒙脱石吸附 Pb^{2+}、Hg^{2+} 的试验研究［J］．岩石矿物学杂志，2001，20（4）：565-567.

[17] 徐明岗，张青，王伯仁，等．改良剂对重金属污染土壤的修复效果及评价［J］．植物营养与肥料学报，2009，15（1）：121-126.

[18] 周华．不同改良剂对 Cd、Pb 污染土壤改良效果的研究［D］．武汉：华中农业大学，2003.

[19] 邢世和，熊德中，周碧青，等．不同土壤改良剂对土壤生化性质与烤烟产量的影响［J］．土壤通报，2005，36（1）：72-75.

[20] 刘巧真，郭芳阳，吴照辉，等．不同土壤改良剂对烤烟根区土壤微生态烟叶质量的影响［J］．安徽农业科学，2011，39（25）：15283-15285.

第6章 微生物菌剂

6.1 微生物菌剂概述

6.1.1 微生物菌剂定义

微生物菌剂是由一种或一种以上的微生物经工业化生产增殖后直接使用，或经浓缩或经载体吸附而制成的活菌制品。微生物菌剂分为单一菌剂和复合菌剂，单一菌剂是由一种微生物菌种制成的，复合微生物菌剂是由两种或两种以上且互不拮抗的微生物菌种制成的，此类菌剂一般具有种类全、配伍合理、功能性强、经济效益高等优良特点。微生物菌剂从外部形态上可以分为液体、粉剂和颗粒剂，颗粒剂产品应无明显机械杂质、大小均匀，具有吸水性。为了保存和运输方便，生产中以生产粉剂和颗粒剂为主。

6.1.2 微生物菌剂分类

微生物菌剂按剂型可分为液体、粉剂、颗粒剂；按内含的微生物种类或功能特性可分为根瘤菌菌剂、固氮菌菌剂、解磷类微生物菌剂、硅酸盐微生物菌剂、光合细菌菌剂、有机物料腐熟剂、抗生菌菌剂、促生菌菌剂、菌根菌剂、微生物修复菌剂和复合菌剂等。

6.1.2.1 根瘤菌菌剂

根瘤菌是已知固氮微生物中固氮能力最强的微生物，它能在豆科植物根上形成根瘤，可同化空气中的氮气，改善豆科植物的氮素营养。根瘤菌与豆科植物的共生固氮是公认的。根瘤菌肥料的出现和应用已有100多年历史，目前是世界公认效果最稳定、最好的微生物肥料。目前生产的根瘤菌肥料种类很多，有关根瘤菌的资源研究进展很快，还会不断有一些新的菌种出现在制品中。从根瘤菌肥料可适用的面积和适用范围看，根瘤菌肥料的种类、数量都具有极好的发展前景。

6.1.2.2 固氮菌菌剂

固氮菌菌剂能固定空气中的氮气，既为植物提供氮素营养，又能分泌激素刺激植物生长。根据固氮微生物是否与其他生物一起构成固氮体系，可分为自身固氮体系和共生固氮体系。根据固氮微生物与不同生物构成的共生固氮体系，可将它分为豆科植物与根瘤菌共生固氮体系、联合共生固氮体系、蓝细菌与红萍共生固氮体系、蓝细菌与某些真菌形成地衣的共生固氮体系，以及非豆科禾本植物与放线菌等的共生固氮体系。自生固氮和联合固氮微生物单就固氮而言，比起共生固氮的根瘤菌，其固氮量要少得多，而且施用时受到更多条件的限制，如更易受到环境条件限制，更重要的是它们能够产生多种植物激素类物质，有使植物根、叶重增加的效果，如圆褐固氮菌（*Azotobacter chroococcum*）、巴西螺菌（*Azospirillum brasilense*）和雀稗固氮菌（*Azotobacter papali*）。选育一些抗氨、泌氨能力强和产生植物生长调节物质数量大，并能耐受不良环境影响的菌株是此类制剂的研究方向。

6.1.2.3 解磷类微生物菌剂

解磷类微生物菌剂能把土壤中难溶性磷转化为作物可以利用的有效磷，改善作物磷素营养。解磷菌的种类很多，有磷细菌、解磷真菌、菌根菌等。按菌种的作用特性分为有机磷细菌菌剂和无机磷细菌菌剂。有机磷细菌菌剂是指在土壤中能分解有机态磷化剂（卵磷脂、核酸等）的有益微生物制成的菌剂制品。无机磷细菌菌剂是指能把土壤中惰性的不能被作物直接吸收利用的无机态磷化物，溶解转化为作物可以吸收利用的有效态磷化物的微生物制剂。我国土壤缺磷面积较大，据统计约占耕地面积的 2/3。除了人工施用化学磷肥外，施用能够分解土壤中难溶态磷的细菌制造的解磷细菌肥料，使其在作物根际形成一个磷素供应较为充分的微区，从而改善作物磷素供应也是一条途径。一些研究人员将这些分解利用卵磷脂类的细菌称为有机磷细菌，将分解磷酸三钙的细菌称为无机磷细菌，实践中往往很难区分。

6.1.2.4　硅酸盐微生物菌剂

硅酸盐微生物菌剂能够将土壤中含钾的长石、云母、磷灰石、磷矿粉等矿物的难溶性钾及磷进行溶解，释放出钾、磷与其他灰分元素，为作物和菌体本身所利用，菌体中富含的钾在菌死亡后又被作物吸收，改善作物的营养条件。硅酸盐微生物菌种有硅酸盐细菌、胶冻样芽孢杆菌、环状芽孢杆菌及其他解钾微生物等，通常使用的菌种主要指胶质芽孢杆菌（*Bacillus mucilaginosus*）及土壤芽孢杆菌（*Bacillus edophicus*）。此类细菌从发现至今已有 80 多年的历史。在我国的实际应用中有报道称它们能分解土壤中难溶的磷、钾等营养元素。有人认为菌体和发酵液中存在刺激作物生长的激素类物质，在根际形成优势种群，可抑制其他病原菌的生长，因而达到增产效果。但是对它们分解释放可溶性钾元素对作物是否有实际意义有不同看法，需要进一步研究、验证。除此之外，这类微生物在其他方面诸如分解矿物、在瓷业中作添加剂及处理污水、活性污泥等方面有不少研究，有的还具有一定的应用前景。近年国外对于硅酸盐细菌的代谢产物如多糖、有机酸、蛋白质等进行了不少基础性研究。

6.1.2.5　光合细菌菌剂

光合细菌是一类能将光能转化成生物代谢活动能量的原核微生物，是地球上最早的光合生物，广泛分布在海洋、江河、湖泊、沼泽、池塘、活性污泥及水稻、水葫芦、小麦等根际土壤中，这类细菌生命力极强，即使在 90℃ 的温泉、300% 的高盐湖以及南极冰封的海岸上，都能发现它们的存在。在不同的自然环境中，光合细菌具有多种生理功能，如硫化物氧化、固碳、固氮和脱氮等，在自然界物质转化和能量循环中起着重要作用。光合细菌的种类较多，包括蓝细菌、紫细菌、绿细菌和盐细菌，与生产应用关系密切的主要是红螺菌科中的一些属、种。

6.1.2.6　有机物料腐熟剂

有机物料腐熟剂俗称生物菌剂、生物发酵剂，它是一种由细菌、真菌和放线菌等多种微生物的菌株复合而成的生物制剂产品，能加速各种有机物料（包括农作物秸秆、畜禽粪便、生活垃圾及城市污泥等）分解、腐熟的微生物活体制剂。产品剂型分为液体、粉剂和颗粒剂3种。其特点如下：①有效活菌数可达3亿/克。②功能强大：畜禽粪便加入本品，可在常温下迅速升温、脱臭、脱水，1周左右完全腐熟。③多菌复合：主要由真菌、酵母菌、放线菌和细菌等复合而成，互不拮抗，具有协同作用。④功能多、效果好：不仅对有机物料有强大腐熟作用，而且在发酵过程中还繁殖大量功能细菌并产生多种特效代谢产物（如激素、抗生素等），从而刺激作物生长发育，提高作物抗病、抗旱、抗寒能力，功能细菌进入土壤后，可固氮、解磷、解钾，增加土壤养分、改良土壤结构、提高化肥利用率。⑤用途广、使用安全：可处理多种有机物料，无毒、无害、无污染。⑥促进有机物料矿质化和腐殖化：物料经过矿质化，养分由无效态和缓效态变为有效态和速效态；经过腐殖化，产生大量腐植酸，刺激作物生长。⑦使用范围：畜禽粪便、作物秸秆、饼粕、糠壳、城市有机废弃物、农产品加工废弃料（蔗糖泥、果渣、蘑菇渣、酒糟、糠醛渣）。

6.1.2.7　抗生菌菌剂

抗生菌菌剂是指用能分泌抗菌物质和刺激素的微生物制成的肥料产品，通常使用的菌种有放线菌及若干真菌和细菌等，可产生抗生素，如链霉菌产生链霉素、青霉菌产生青霉素、多黏芽孢杆菌产生多黏菌素等。该类菌种应用后不仅能将植物不能吸收利用的氮、磷、钾等元素转化成可利用的状态，提高肥效，还能产生壳多糖酶分解病原菌的细胞壁，抑制或杀死病原菌，刺激和调节作物生长。试验表明，抗生菌菌剂在水、旱田有松土作用，凡是用过抗生菌菌剂的土壤，水稳性团粒结构均增加，幅度为 5%～30%，土壤孔隙度和透气度增加 1% 左右。

6.1.2.8　促生菌剂

促生菌剂（plant growth promoting rhizobacteria，PGPR）指有利于植物生长和改善土壤生态系统、促进植物生长的一类微生物。促生菌剂对植物生长的促进作用有直接和间接影响。直接影响表现在微生物所产生的激素，如生长素、赤霉素和细胞分裂素等，或者给植物供应生物固定的氮。这些微生物影响植物生长的间接因子是产生含铁细胞、HCN、氨、抗生素和挥发性代谢物等而能抑制有害细菌、真菌、线虫和病原体的生长。PGPR 还有生物防治功效，发展前景极大。属于 PGPR 一类的微生物主要有：节细菌属（*Arthrobacter*）、芽孢杆菌属（*Bacillus*）、沙雷菌属（*Serratia*）和假单胞菌属（*Pseudomonas*）等。PGPR 分离出的三个菌株是变形菌株（*Proteus vulgaris*）、克雷伯杆菌（*Klebsiella planticola*）和苦菜芽孢杆菌（*Bacillus subtilis*），以它们制成的生物肥料，可使大豆、花生、向日葵等许多作物增产，一般增产可达 10%～27%。

6.1.2.9　菌根菌剂

菌根是土壤中某些真菌侵染植物根部，与其形成的共生体。使用的菌种包括由内囊霉科多数属、种形成的泡囊-丛枝状菌根（vesicular - arhuscular mycorrhiza），简称 AM 真菌，还有担子菌类及少数子囊菌形成的外生菌根，以及与兰科、杜鹃科植物共生的其他内生菌根和由另一些真菌形成的外、内生菌根等。与农业关系密切的是 AM 真菌，菌根共生体（菌根菌）对宿主生长是有益的，有些甚至是必需的。在农业生产中，将有益的菌根菌进行扩大繁殖，可提高农作物产量和品质，这种人工扩大繁殖的有益菌根菌就被称为菌根菌剂。

6.1.2.10　微生物修复菌剂

微生物修复主要针对土壤与各种水体，其菌剂可分为土壤修复菌剂与水体修复菌剂。根据不同的污染类别可分为无机修复菌剂、有机修复菌剂和放射性修复菌剂。无机修复菌剂主要是针对重金属污染修复，如氧化硫硫杆菌（*Thiobacillus thiooxidans*）、氧化亚铁硫杆菌（*Thiobacillus ferrooxidans*）、假单胞菌（*Pseudomonas*）可氧化 As^{3+}、Fe^{2+} 等；褐色小球菌（*Micrococcus lactyicus*）、脱硫弧菌（*Desulfovibrio*）、厌氧的固氮梭状杆菌等可将 As^{5+}、Fe^{3+}、Se^{4+} 等还原成低价物质。有机修复菌剂主要是针对由农药的大量使用与工业有机废料的排放造成的有机污染进行修复。目前，具有降解农药特性的菌株包括细菌、真菌、放线菌等。细菌中主要是假单胞菌与芽孢杆菌，降解的农药类型有 DDT、马拉硫磷、甲拌磷、二嗪农、DDV、甲基对硫磷、对硫磷、西维因、茅草枯、西马津等；真菌中具有降解农药特性的菌株主要存在于曲霉属（*Aspergillus*）、青霉属（*Pinicielium*）、根霉属（*Rhizopus*）、木霉属（*Trichoderma*）、镰刀菌属（*Fusarium*）、交链菌属（*Alternaria*）、毛霉属（*Mucor*）、胶霉属（*Gliocladium*）、链孢霉属（*Neurospora*）、根霉菌属（*Phizobium*）；放线菌中降解农药的菌株主要有诺卡菌属（*Nocardia*）、链霉菌属（*Stretomyces*）、放线菌属（*Actinomyces*）、小单胞菌属（*Micromonospora*）、高温放线菌属（*Thermoactinomyces*）等。放射性修复菌剂主要是修复人类半个世纪以来进行的核试验与一些核战争释放的大量放射性核素（如铯等）进入环境引起的环境污染。因为许多与人类健康相关的核素具有氧化还原活性，并且其还原态的溶解度较小，因此，可用微生物通过还原作用在一定程度上降低目标核素在土壤环境中的溶解度和移动性。

6.1.2.11　复合菌剂

复合菌剂是由两种或两种以上且互不拮抗的微生物菌种制成的微生物制剂。此类菌剂一般具有种类全、配伍合理、功能性强、经济效益高等优良特点。如 JT 复合菌剂，是以日本硅酸盐菌与中国台湾诺卡放线菌为基础而研发的新型复合菌种，该菌剂的组成为诺卡放线菌、枯草芽孢杆菌、胶冻样芽孢杆菌（硅酸盐细菌）、解磷

巨大芽孢杆菌（磷细菌）、蜡状样芽孢杆菌、苏云金芽孢杆菌、光
合菌（沼泽红假单胞菌）、丝状细菌、酒精酵母菌等。该复合菌剂
具有密度大、活性高、品种全、效果好等特点，复合菌液为 300
亿/毫升，JT 复合菌粉剂为 150 亿/克。CM 复合菌剂组成为红螺
菌、嗜酸乳酸杆菌、保加利亚乳酸菌、产朊假丝酵母、酿酒酵母、
地衣芽孢杆菌、枯草芽孢杆菌、环状芽孢杆菌、硝化菌、反硝化菌
等，具有沉降和降解有机污染物及藻类、除臭、净化水质效果长久
等特点。

6.2 微生物菌剂发展现状与趋势

世界上最早的微生物菌剂是 1895 年在德国以"Nitragin"的
商品名出现的根瘤菌接种剂。到 20 世纪 30—40 年代，一些国家如
美国、澳大利亚、英国均有了根瘤菌接种剂产业。美国从 1895 年
首次进行根瘤菌剂商业生产，大发展时期是在 1929—1940 年，澳
大利亚在第二次世界大战之后发展根瘤菌剂生产。经过 100 余年的
发展，微生物菌剂种类日益增多，使用范围不断扩大。据不完全统
计，目前世界上已有 70 多个国家和地区开发应用了微生物菌剂，
在欧美发达国家农业生产中，生物肥料的使用占肥料总量的 20%
以上。印度现已开发出了使用发酵罐生产鹰嘴豆、绿豆和大豆根瘤
菌品系的技术，生产能力达到了商业化生产的要求。1997 年，美
国环境保护署（EPA）批准重组苜蓿根瘤菌 RMPBC - 2 进行商业
化生产，这也是目前世界上唯一一株通过了遗传工程菌安全性评价
并进入有限商品化生产的重组根瘤菌菌株（商品名为"Dormal
plus"）。目前该重组根瘤菌菌株已经占据了美国苜蓿根瘤菌剂市场
份额的 60%，美国根瘤菌的选育目标是固氮能力（N）在 600 千克/
公顷；国际水稻研究所计划目标是在 10 年内构建一种超级固氮细
菌，能减少水稻 50%的氮肥用量。

在微生物菌剂的新产品研发方面，美国盐湖城 NPI 公司已研
成功用温室法生产出高质量的 AM 真菌接种剂，并研制了一整套

保证纯度的设施和方法。美国 Agbio 公司微生物总公司生产的内生菌根菌肥 Agbio - Endos、外生菌根菌肥 iBts 以及芽孢杆菌类菌肥，加拿大生产的 Jump - Stat、GreeNimoge、"根瘤菌＋PGPR" 复合菌肥，意大利的玉米用固氮接种剂 Zea - Nit，巴西的 PCPR 生物肥料等，都已具有了相当的市场占有率。优良菌种的选育是微生物菌剂发展的核心，如筛选超级固氮菌株、联合固氮细菌、泡囊丛枝状菌根等。

我国微生物肥料的研究和应用始于 20 世纪 40 年代，此时期以根瘤菌接种剂为主，在东北、华北及华中地区开展了试验，并取得了较好的效果，但总体的应用面积不大，此时还没有形成规模化的产品。20 世纪 50—60 年代，除根瘤菌接种剂外，还出现了细菌和放线菌等微生物制剂，如以自生固氮菌、溶磷细菌、硅酸盐细菌、放线菌等为原料的细菌性菌剂、抗生菌肥料和固氮蓝绿藻肥等。此时期大量中小型企业介入，但生产设备落后、无行业管理，导致产品质量参差不齐。1959 年由中国农业科学院土壤肥料研究所牵头，首次提出关于微生物肥料产品质量标准的意见，此后微生物肥料标准制定备受关注。20 世纪 70—80 年代中期掀起了利用丛枝菌根来改善植物磷素吸收和提高水分利用率的研究热潮。20 世纪 80 年代中期至 90 年代，应农业发展的需求，新型微生物制剂如联合固氮菌肥、硅酸盐菌剂、光合细菌菌剂、植物根际促生细菌（PGPR）制剂和有机物料（秸秆）腐熟剂不断涌现，特别是 PGPR 的研究和效果验证逐渐成为土壤微生物学的热点研究领域；同时以功能微生物如固氮菌、磷细菌、钾细菌为原料，通过复合有机肥制备而成的复合（混）生物肥料不断涌现，加速了微生物菌剂及微生物肥料的发展。但此时期产品质量参差不齐、无标准、无行业管理，仍处于无序发展的时期。

1997 年我国实行微生物肥料生产资料登记，加上国家对标准制定的政策引导，初步形成了农用微生物菌剂和微生物肥料的标准体系，微生物肥料标准的制定取得了空前的进展，对引导和规范行业发展发挥重要作用。在 2000—2010 年的发展过程中，出台了有关微生物菌剂和微生物肥料的产品标准、检测方法、技术规程以及菌种安全等 22 项标准和规程。这些标准和规程的制定规范了微生物菌剂及肥料的市场，同时也推动了微生物菌剂及肥料种类多样化的发展，此时期出现了高效营养促生类、土壤功能修复及连作障碍克服类的菌剂，以及生物有机肥、新型复合微生物肥料、专用微生物肥料等。在 2010—2020 年全国微生物肥料产品和企业迅速发展的时期，复合微生物肥料、生物有机肥和微生物肥料生物安全通用技术准则等标准和规程进一步修订颁布实施，新颁布实施了 8 项相关标准和技术规程，进一步推动了微生物肥料研究和产业化的进程。

近几年，微生物菌剂产品的数量不断增加、种类不断丰富，推广应用范围也在不断扩大，产品种类已从根瘤菌菌剂向多菌种、多养分、多功能产品拓展。微生物菌剂所应用的作物已从最初的豆科、油料和纤维类作物，扩展到粮食、糖料、蔬菜、水果、烟草、中草药和观赏花卉等作物。此外，有机物料腐熟菌剂和土壤修复菌剂在农作物秸秆、畜禽粪便腐熟和酸性土壤、盐碱土、次生盐渍化土壤改良等方面得到了较好的应用。恰逢我国生物产业迎来了发展势头，在农化领域，以微生物菌剂等微生物肥料为主的一类生物产品开始发力，产品登记数量自 2013 年陡然增多。以微生物菌剂为代表的微生物肥料被列入国家"十三五"生物产业发展重点产品名录。在国家宏观层面"减肥减药""化肥零增长""农业可持续发展"和"生态农业"等需求背景下，微生物肥料产业可以说市场发展前景看好。但微生物菌剂产品田间效果稳定性需要提高，由于土壤环境复杂，微生物菌剂在根际的存活与竞争定殖规律以及与植物根系分泌物互作过程等还需要进一步研究，微生物菌剂产品实际应用过程中会出现各种各样的问题，甚至给农业生产造成损失。随着国内农业种植结构不断调整，市场消费群体在变化，消费者越来越重视农产品质量和安全，所以今后绿色农业、生态农业、有机农业越来越受市场欢迎，这是发展趋势。微生物菌剂在增产提质、改良土壤、降低环境污染、保障现代农业高效可持续发展方面，肯定会发挥出其巨大的作用。

6.3　微生物菌剂施用方法

微生物菌剂经过多年的研究和实践，已经被成功应用于各类土壤和作物中，并广泛应用于土地治理、生态修复、农业生产等领域，获得了显著的环境效益和经济效益。但是，微生物菌剂在使用过程中，需要严格遵循一些注意事项和操作规范，以确保其使用效果和安全性。

6.3.1　液体菌剂施用方法

（1）拌种　将种子与稀释后的菌液混拌均匀，或用稀释后的菌液喷湿种子，待种子阴干后播种。

（2）浸种　将种子浸入稀释后的菌液 4～12 小时，捞出阴干，待种子露白时播种。

（3）喷施　将稀释后的菌液均匀喷施在叶片上。

（4）蘸根　幼苗移栽前将根部浸入稀释后的菌液中 10～20 分钟。

（5）灌根　将稀释后的菌液浇灌于农作物根部。

6.3.2　固体菌剂施用方法

（1）拌种　将种子与菌剂充分混匀，使种子表面附着菌剂，阴干后播种。

（2）蘸根　将菌剂稀释后，同液体菌剂施用方法。

（3）混播　将菌剂与种子混合后播种。

（4）混施　将菌剂与有机肥或细土（细沙）混匀后施用。

（5）定植穴施或沟施　将菌剂均匀混拌麦麸、碎磨稻糠、豆粕等有机质，若少量添加玉米粉、大豆粉尤佳（为避免豆粕等有机质烧苗，尽量使用腐熟过的，并添加晒干的泥土）。施入后及时覆土。

（6）追肥　在作物生长发育期间采用条/沟施、灌根、喷施等方式补充施用。

6.3.3 功能菌常用方法

（1）土壤处理　配制好的菌液 200～300 倍稀释后均匀喷施地表，结合整地翻于地下，制备 5 千克上述菌液可喷施一亩地。

（2）灌根处理　配置好的菌液 300 倍稀释后灌根，用于果树、蔬菜，灌根两次，间隔 15～20 天。

（3）蘸根处理　作物移栽、定植时使用配置好的菌液 300 倍稀释蘸根。

（4）冲施　冲施时加入 5 千克/亩上述制备的菌液，随水冲施。使用后保持土壤湿润以利于活性菌活化与增殖。

（5）喷施　进行叶面喷施（1∶100～200 倍稀释），注意叶片的背面及根部土壤一定要喷到。综合防治叶部病害，促进叶部生长及光合作用，提高作物抗性。

6.3.4 微生物菌剂的注意事项

（1）选择合适的微生物菌剂　使用微生物菌剂前，首先要根据土壤类型、气候条件、作物特点等因素，选择合适的微生物菌剂。不同的微生物菌剂对不同的土壤和作物类型有不同的适应性和效果表现，因此，选择合适的微生物菌剂，才能保证其发挥最大的作用。选择满足国家标准或地方标准的微生物菌剂，仔细阅读产品说明和产品标签，了解其成分组成、生产日期和保质期等相关信息。

（2）正确的使用时间和方法　微生物菌剂的使用时间和方法也非常关键，一般建议选择在作物生长中期或后期进行施用，可以与营养物质混配后，全面喷施在农田或果园的树冠下和根部周围。一般情况下，每次使用的微生物菌剂的剂量应按照生产要求和土壤环境的差异来进行调整，养分丰富或中度缺乏的土壤需要适当调整菌剂浓度和施用频率，以达到最佳的使用效果。施用微生物菌剂时，应避免长时间的日照和高温环境，不能与化学肥料混用。

（3）微生物菌剂的贮存　微生物菌剂应贮存在通风干燥及可防潮的环境内，不要与其他农药和化学品混放。在贮存过程中，应定期对微生物菌剂进行检测和鉴定，确保其发酵和保存质量。

（4）水分和温度的控制 微生物的生长和繁殖需要适宜的温度和水分条件，因此，在施用微生物菌剂时，需适当控制土壤温度和湿度，使之达到最佳生长状态。

（5）对操作人员的安全 施用微生物菌剂时，应严格按照说明书和标签的要求进行操作，避免直接接触和吸入微生物菌剂，以确保操作人员的安全。

6.4 微生物菌剂施用效果

6.4.1 改良土壤

（1）改良土壤化学性质 应用微生物菌剂，可以有效活化土壤养分，提升植物对于土壤中养分的吸收率，让植物能够健康生长，其作用原理为有机物发酵生成氨基酸、生长素、纤维素等，为植物提供养料。在微生物菌剂肥料中，功能菌、发酵菌含量丰富，有着持久的增肥效果。微生物菌剂中有益菌群可以加速土壤有机化合物的分解，提供酶促反应底物，从而提高土壤酶活性。研究表明，单一菌剂能提高作物生长过程中多种土壤酶的活性。微生物的复合菌剂提高土壤酶活性效果往往比单一菌剂好。例如，在种植豆科植物时，使用微生物菌剂可以提高植物的固氮能力，促进钾、磷的分解，使之更易被植物吸收。在微生物菌剂肥料中，还有大量微生物能够让土壤中的有机物、有机质出现矿化，促进植物的吸收，提升营养物质的作用，从而改善土壤化学性质，实现增产和增收。马凤捷[1]研究表明，根系分泌有机酸等物质导致0～20厘米表层土壤pH低于20～40厘米土层；0～20厘米表层土壤养分含量大于20～40厘米土层；4种施菌剂处理均在一定程度上增加土壤有机质、有效磷、速效钾、全氮含量。长期施用微生物菌剂能够改善土壤微环境，增加植株根系活力，有利于养分的吸收转运，促进植株的生长，提高土壤肥力。施用生物有机肥能够降低枸杞生长土壤pH和全盐含量，显著提高土壤有机质和碱解氮、有效磷、速效钾养分含量。

（2）改良土壤物理性质　将微生物菌剂投入土壤之后，微生物可以与土壤中的有机物结合，分解成腐殖质，与钙离子结合形成结合体，其具有很好的水稳性，可以提高土壤的保水能力，并且还能够对土壤产生疏松作用，降低孔隙度，提高土壤的透水性能。微生物菌剂肥料以颗粒的形式存在，表面积较大，可以提高土壤的孔隙度，改善土壤结构，研究显示，在施加微生物菌剂后，可以使孔隙度增加 10.5%。

（3）改良土壤生物性质　应用微生物菌剂，能够形成微生物菌群，促进土壤中真菌、细菌以及各种菌类的繁殖，促进植物中叶绿素的合成，提高植物抗性，有效发挥出植物的抗病虫害作用。

总体来看，应用微生物菌剂，可以提升土壤保水能力和保肥能力，改善土壤的结构，为植物生产提供更为理想的环境。

6.4.2　增加作物产量

（1）地区差异性　目前我国 20 多个省（直辖市、自治区）都有微生物菌剂的应用。其中华中地区最多，报道的试验次数为 44 次；华北和西北次之，分别为 43 次和 34 次；华南和东北较少，前者为 9 次，后者为 8 次。不同地区又因土壤、温度和气候等各种条件的不同，应用方法和应用效果也不一样。西北地区的应用效果最好，华北地区次之，东北略低于华北，华南和华中效果相近，前者略高，西南地区效果最差[2]。

（2）作物差异性　微生物菌剂在我国应用于 30 多种作物上，其中，禾谷类作物应用最多，其次是油料和纤维类，应用较少的是烟草、糖、茶、药、牧草等作物。但不同作物因不同的生理特点、环境、接种物的种类和农业措施，应用效果也不一样，如菌根菌类肥料，由于其菌丝有助于植物吸收水分和养分而有利于抗旱，用于林业生产上效果较好。糖料作物应用微生物菌剂的增产效果最好，其次为茶叶，蔬果增产 25.4%，牧草类增产 26.1%。纤维、薯类、油料等作物的增产效果分别为 17.1%、17.8%、15.0%。禾本科作物的增产幅度最低[3-4]。

(3) 种类差异性 据1989年以来的文献综合分析，各类微生物菌剂的平均增产效果不同，范围在12.2%～22.3%[5-6]。需要指出的是，对解磷微生物菌剂的机理研究较多，但增产效果较少论及；而菌根菌类微生物菌剂主要用于林业生产，有关增产效果的数据较少，但从不多的数据中也可看出其施用效果较好，增产约22.3%。上述几种报道较多的菌肥中，解钾菌菌剂的增产效果最低，但在甘薯上用作基肥效果较好，增产率为23.2%；复合微生物肥料的增产效果约为21.2%；固氮菌类菌剂和光合细菌类菌剂，增产效果相近；PGPR类作为研究的热点，效果也较好。

6.4.3 改善作物品质

微生物菌剂改善作物品质的作用日渐受到重视，就1989年以来的文献看，关注增产效果的报道为多，对品质的研究主要在产值较高的一些经济作物上，如蔬菜、果树、棉麻、油料、烟草、茶以及药用植物等，而对粮食作物研究较少。从已有的研究可以看出微生物菌剂对作物品质有改善作用，主要表现为：降低蔬菜硝酸盐含量，减少棉籽及油菜中的棉酚和芥酸含量，提高蔬菜和水果含糖量和维生素C含量，提高纤维类作物纤维的长度和强度，增加上等烟的比例，增强作物的抗病性等。

6.4.4 改造中低田

我国现有耕地大部分属于中低产田，在中低产耕地改良和土壤退化治理中，微生物菌剂大有用武之地。据FAO估算，自然界生物固氮量（纯氮）约2亿吨/年，豆科植物根瘤菌贡献了其中的65%～70%。美国1997年统计数据表明，依靠豆科作物所固定的氮为620万吨，约占其年施肥总量的1/3。我国2004年豆类种植总面积1 280万公顷，如果按国际上统计的几种常见豆科作物最高固氮量的平均数为300千克/（公顷·年）计算，固氮总量可达380万吨，约占同年氮肥消耗总量的1/10。

———— 参 考 文 献 ————

[1] 马凤捷，蔡立群，刘垠霖，等．不同微生物菌剂处理对哈密瓜品质及土壤养分和酶活性的影响［J］．中国土壤与肥料，2021 (2)：69-77.

[2] 于恩晶，高丽红，陈青云．微生物菌剂与有机肥配施对日光温室小白菜产量和品质的影响［J］．北方园艺，2010 (7)：57-59.

[3] 李保会．复合微生物菌肥对连作草莓矿质养分吸收及产量的影响［J］．河北农业大学学报，2007，30 (3)：44-47.

[4] 毕建水，李翠翠，郑泽臣，等．微生物菌肥中不同菌株对黄瓜和番茄幼苗生长的影响［J］．青岛农业大学学报，2008，25 (2)：128-130.

[5] 赵士杰，李树林．VA菌根促进韭菜增产的生理基础研究［J］．土壤肥料，1993 (4)：38-40.

[6] 沈延厚．红壤中菌根对柑橘磷肥效应的研究［J］．江西科学，1990，8 (3)：13-19.

[7] 吴裕军．生物钾肥对棉花增产效果试验初步总结［J］．土壤肥料，1990 (6)：28-30.

[8] 吴小平．光合细菌在烟草上的应用［J］．福建农业大学学报，1999，28 (4)：471-473.

[9] 张和平，王兴隆，潘竞平．紫花苜蓿喷施益微增产菌效果试验初报［J］．甘肃农业大学学报，1997，32 (1)：80-82.

第 7 章　肥料增效剂

7.1　肥料增效剂概述

7.1.1　肥料增效剂定义

肥料增效剂是一类以增加养分有效性为目的的活性物质，通过活化土壤中难以利用的磷、钾元素和固持氮增加对作物养分的供给，且在调节植物生理功能中起到一定作用[1]。一般肥料增效剂都是加入常规肥料中施用，可达到减少肥料用量、提高肥料利用率的目的。从定义上看，肥料增效剂具有两个重要特征：一是不能直接为作物提供养分；二是肥料增效剂的主要作用是提高肥料利用率。

7.1.2　肥料增效剂分类

肥料增效剂种类较多，按功能划分一般可分为作用于肥料的肥料增效剂、作用于土壤的肥料增效剂和作用于植物的肥料增效剂等。

7.1.2.1　作用于肥料的肥料增效剂

作用于肥料的肥料增效剂主要包括氮肥增效剂及中微量元素的增效剂。

（1）氮肥增效剂　我国是世界上最大的氮肥生产和使用国，氮肥投入过量已成为普遍现象，尤其是在果树和蔬菜等经济作物生产过程中，氮肥用量是普通大田作物的数倍甚至数十倍[2]。然而我国氮肥表观利用率仅为 $30\%\sim35\%$，远低于世界平均水平[3]。氮肥增效剂一直被认为是提高氮肥利用率的重要手段之一，主要包括硝化抑制剂、脲酶抑制剂、氨稳定剂及其他新型增效剂[4]。20 世纪 50 年代开始，陆续有学者开始氮肥增效剂的研究[5-8]。

硝化抑制剂指在铵态氮肥中添加的一定数量物料，通过降低土壤亚硝酸细菌的活性，从而抑制铵态氮向硝态氮转化，减少肥料氮的流失量，提高肥料利用率。硝化抑制剂可以抑制土壤中的硝化细菌，阻止铵态氮转化为硝态氮，使氮肥长时间以铵态氮形式保存在土壤当中，以减少土壤中氮肥的挥发和淋溶，是一类能够抑制土壤中亚硝化细菌和硝化细菌等微生物活性的物质的总称，配合铵态氮肥或尿素施用效果更佳。目前已发现数百种化合物具有硝化抑制作用，主要有含硫化合物、烃类及其衍生物、氰胺类、含氮杂环化合物等四类[9]，其中双氰胺（DCD）、3，4-甲基吡唑磷酸盐（DMPP）、1-甲基吡唑-1-羧酰胺（CMP）、2-氯-6-三氯甲基吡啶（CP）、乙炔（C_2H_2）等已在农业生产上得到应用[10]。

脲酶抑制剂是一类能抑制土壤中脲酶活性的物质的总称，通过在尿素中添加的一定数量物料，降低土壤脲酶活性，抑制尿素水解过程，从而减少尿素态氮的氨挥发损失量，提高肥料利用率，对于减缓尿素氮转化、抑制氨挥发、延长氮供应时间等具有突出作用。土壤中的脲酶能够催化尿素分解成二氧化碳和水，抑制脲酶的活性就可以抑制尿素分解，从而提高尿素利用率。脲酶抑制剂的主要代表产品是 N-丁基硫代磷酰三胺（NBPT）。当前国际上已开发的脲酶抑制剂主要包括羟肟酸类（如乙酰氧肟酸）、重金属离子类（如阴离子、过渡金属离子）、磷酸盐类、杂环类化合物、金属配合物、磷酰胺类〔如正丁基硫代磷酰三胺（NBPT）、环乙基磷酸三酰胺（CNPT）、硫代磷酰三胺（TPT）、磷酰三胺（PT）、正丙基硫代磷酰三胺（NPPT）等〕等，其中苯基磷酰二胺/苯基磷酸二酰胺（PPD/PPDA）、NBPT/n-（正丁基）硫代磷酰三胺（nBTPT）和对苯二酚（HQ）3 种应用较为广泛[11]。

氨稳定剂是一类能够减少氨挥发的物质的总称，主要包括有机酸、无机酸、无机盐类及具有吸附性能的天然物质等，其中农业生产上应用较为广泛的有沸石和麦饭石。氨稳定剂通常与抑制剂类增效剂混合或与肥料混合，很少单独使用[12]。

（2）中微量元素增效剂　螯合剂与植物必需的微量元素（硼和钼除外）在土壤中既易溶于水又不离解，不易被固定，能很好地被植物吸收利用，也可与其他肥料同时施用而不发生化学反应，不会降低任何肥料的肥效。可用的螯合剂主要包括二乙三胺五乙酸（DTPA）、乙二胺四乙酸（EDTA）及其二钠盐、羟乙基乙二胺三乙酸（HEDTA）和乙二胺二羟基苯乙酸（EDDHA）等。

有机物络合微量元素而制成的络合态中微肥，也具备提高肥料利用率的功效，主要包括尿素铁络合物（三硝酸六尿素合铁）、木质素磺酸锌和黄腐酸二胺铁等。

7.1.2.2　作用于土壤的肥料增效剂

土壤的物理、化学和生物性质对农作物的生长至关重要，肥料利用率与土壤的 pH、土壤的盐碱化、土壤中有益微生物种类和数量及土壤结构等有很大关系。一般作用于土壤的肥料增效剂主要是指一类可以通过促进土壤团粒的形成、改良土壤结构、提高土壤透气性、促进根系发育和微生物活动并提高土壤中养分的转化，从而提高土壤保水保肥能力，间接提高肥料利用率的物质，主要包括腐植酸类、纤维素类、沼渣等天然产物和聚乙烯醇、聚丙烯腈等人工合成产物。

7.2　肥料增效剂发展现状与趋势

国际上对硝化抑制剂的研究起步较早，迄今为止，已发现数百种化合物显示了硝化抑制效应。1962 年 Goring[13] 首次报道硝基具有硝化抑制特性，1973 年美国 DOW 化学公司利用硝基生产出一种硝化抑制剂产品，1975 年美国环保局正式批准其在农业生产中应用。2004 年 Wolt[14] 通过整理总结大量的试验数据确定一般情况下硝基的施用可提高使各种作物产量，增加根际土壤中氮的存留量，减少氮的淋失，从而降低温室气体排放。Douglas 和 Bremner 等[15] 从 130

多种化合物中筛选出对脲酶抑制效果较好的醌类化合物以及银和汞有机化合物。我国对肥料增效剂研究起步较晚，肥料增效剂伴随着化肥利用率的研究而展开，大致经历了四个阶段：

（1）以稀土元素、添加中微量元素等为主要手段，如含锌尿素、含硼复合肥、稀土碳铵、稀土复合肥、磁化肥等。但是由于技术的局限性，增产效果不是很明显。

（2）以添加微生物肥料、腐植酸、木质素、土壤调理剂等为主要手段，如腐植酸尿素、腐植酸复合肥、硫包尿素、酸性土壤改良剂、碱性土壤改良剂、硅酸盐微生物菌剂等，但是由于科技含量较低，生产比较麻烦，应用并不广泛。

（3）随着科学技术的快速发展，这一阶段肥料增效研究进展较快，产品主要有以下几类：一是以添加脲酶抑制剂、硝化抑制剂和高分子材料为主要手段，如涂层、包裹、脲甲醛、稳定性肥料、磷素活化剂等，但是存在功能比较单一的问题；二是以聚谷氨酸、聚天门冬氨酸为核心的增效物质，如多肽尿素、双酶尿素、多肽尿素；三是以高分子材料（脲甲醛、聚氨酯等）为核心的脲甲醛树脂尿素、缓控释肥料增效剂、长效氮肥等；四是以聚丙烯酰胺高分子吸水材料为核心的松土保水肥料。中国科学院沈阳应用生态研究所研制的稳定性肥料增效剂（NAM）是这一阶段最突出的产品，其核心物质是脲酶抑制剂和硝化抑制剂，可以抑制脲酶活性，延长尿素向氨转化的时间，抑制氨氧化过程，控制铵态氮向硝态氮的转化，从而提高肥料利用率，延长肥效作用时间，对肥料产业发展与农业生产发挥了很大作用。但是，这类增效物质的活性大多数受土壤酸性影响波动较大，且对作物生长有一定的影响，往往会造成早衰或者根系发育受阻。

（4）发展植物养分吸收转化促进剂。它是一类具有促进根系发育、作物生长，养分吸收和转化利用的作用，同时又具有抑制脲酶活性和硝化抑制剂的双重作用效果，提高肥料利用率，还具有延长肥效期、显著增产、提高单位养分的贡献率的物质。植物养分吸收转化促进剂发展迅速，引起化肥行业高度重视，获得了众多科学家和大多数化肥企业高度评价。目前产品主要包括第四代氮肥、双酶尿素、多酚尿素、聚能肥、巨能复合肥、活化磷肥、第二代钾肥等。

迄今为止，国内外学者对肥料增效剂进行了大量研究工作，在试验中应用均有很好的效果。与传统肥料相比，添加肥料增效剂可提高肥料利用率，降低 N_2O 排放，减少 $NO_3^- - N$ 淋溶损失，且增加土壤中 $NH_4^+ - N$ 含量，作物获得同等产量的条件下可减少肥料投入量。但是目前肥料增效剂在田间仍未广泛应用，分析其原因，主要存在以下几个问题。

（1）实验室筛选中一些肥料增效剂显示了很好的特性，但在田间应用中效果不明显，主要由于肥料增效剂发挥其作用很大程度上受外界环境因素的影响，因此作用效果不稳定的情况时有发生。

（2）某些肥料增效剂毒性较大，例如醌类化合物类，施用后对作物和土壤微生物造成一定程度伤害，影响作物品质和产量，CP 施用量为 8.0～14.0 毫克/千克时可使大豆地上部和地下部生物量减少 50% [45]，还有些肥料增效剂残留特性较强，对生态环境产生污染。

（3）肥料增效剂的种类很多，但目前可以与肥料结合形成并实现广泛应用的肥料产品还较少。

（4）目前有一些氮肥增效剂可以提高氮肥利用率和减少氨挥发，但是在减少总氮损失的效果上并不总是显著。

（5）单独施用某一种肥料增效剂的效果不是很理想，如硝化抑制剂有增加氨挥发的风险。

（6）肥料增效剂大多为化学合成，存在用量大的问题，且添加增效剂类的肥料价格普遍偏高，这可能也是影响其广泛应用的重要原因之一。

《"十四五"全国农业绿色发展规划》中明确提出：实现化肥使用量持续减少，农业废弃物资源化利用水平明显提高，农业面源污染得到有效遏制；以化肥减量增效为重点，集成推广科学施肥技术；开发农业生态价值，落实 2030 年前力争实现碳达峰的要求，研发种养业生产过程温室气体减排技术。肥料增效剂对解决过量施肥等肥料施用中带来的问题已经表现出较好的效果和应用前景，这意味着未来会进一步重视和充分发挥肥料增效剂在温室气体减排、化肥减量增效中的作用。基于肥料增效剂已有的研究和应用情况以及目前存在的一些问题，今后应以推动农业绿色发展为导向，围绕投入品绿色、减量目标，筛选出效果稳定、选择性好、无污染、无残留、无毒害、环境友好、组分多元化、抑制效率高、易与肥料混配成产品、使用方便且成本低廉的肥料增效剂。

7.3　肥料增效剂施用方法

肥料增效剂的施用方法多种多样，主要包括：直接喷洒、混施、灌溉等。具体应用时，需要根据不同的作物和土壤条件，选择合适的氮肥增效剂品种和使用方法。

7.4　肥料增效剂施用效果

氮肥肥料增效剂可以显著促进植物生长发育，主要表现在可以增加植物体内叶绿素含量、植株叶片数和叶面积以及植物生物量；可明显提高作物产量，提高肥料利用率；还可以抑制土壤 NH_4^+ 向 NO_3^- 转化，减少 NO_3^- 的累积，从而减少氮肥以 NO_3^- 形式淋溶损失，降低施肥对环境污染风险。同时，氮肥增效剂还可以减少土壤 N_2O 的释放，进而减少对大气的污染。

7.4.1　脲酶抑制剂施用效果

7.4.1.1　提高肥料利用率

脲酶是促进尿素水解的主要作用酶，脲酶抑制剂能够降低土壤中的脲酶活性，延长尿素的水解时间，可显著提高氮肥利用率。与单施尿素相比，添加 NBPT，氮素回收率可以提高 19.4%[16]。陈苇、卢婉芳[17]利用 ^{15}N 示踪法研究表明，脲酶抑制可以显著提高 ^{15}N 利用率，比未添加脲酶抑制剂处理氮肥利用率提高 4.7%～18.1%，其中 PPD 还能更有效地降低尿素水解速率和水层 $NH_4^+ - N$ 含量。

此外，添加脲酶抑制剂还有利于促进作物对氮、磷、钾的吸收利用。石柱等研究表明[18]添加脲酶抑制剂氢醌后，显著提高水稻对氮、磷、钾的吸收利用率，分别提高了 5.9%、7.4%和 8.4%。

7.4.1.2　促进作物生长

脲酶抑制剂通过延长氮肥供应时间，促进水稻生长，提高产量。叶会财等[19]研究表明配施 NBPT 后水稻增产 14.8%，氮肥农学利用率提高 18.4%；添加氢醌后水稻产量也能显著提高，与对照相比，可增产 5.0%。

在大豆上添加脲酶抑制剂增产显著。张雪崧、孙庆元等研究[20-21]发现添加脲酶抑制剂 NBPT 能够提高大豆整个生长期的根系活力，促进根瘤固氮酶活性，增加大豆植株的含氮量、根瘤数量和重量，增产 4.9%。刘娜等[22]研究表明，尿素配施 NBPT 能够有效抑制施用尿素前期对幼苗的毒害作用，出苗率提高 20.0%，促进大豆根瘤生长，提高大豆单产，提高氮素吸收能力。

在玉米与小麦上，脲酶抑制剂也有显著的增产作用。王玉峰[23]研究发现，在相同施氮量情况下，施用适量的氢醌显著提高玉米植株对氮、磷、钾的吸收量，分别提高了 56.8 千克/公顷、11.8 千克/公顷和 38.4 千克/公顷，产量增加 9.3%。李晓鸣[24]研究表明，添加脲酶抑制剂氢醌处理显著改善了小麦的产量结构，较常规处理小麦产量提高 11.0%。脲酶抑制剂还可以增加冬小麦的群体数量和干物质积累量，提高氮吸收总量、氮肥当季利用率、氮肥生产力、氮肥农艺效率[25]。

7.4.1.3　降低环境污染

脲酶抑制剂在降低氨挥发上也有很好的应用效果。周礼恺等[26]研究表明施用氢醌可减少氨挥发损失，减少 4.7%～9.8%，同时可减少硝酸盐和亚硝酸盐的累积量，从而减少氮素的淋溶和挥发损失。氢醌可抑制土壤中尿素氨挥发，其中前 10 天的抑制效应可达 90%以上[27]。稻田上添加 NBPT，可使稻田氨挥发损失总量从 73.3 千克/公顷（占施氮量的 24.4%）降低至 34.5 千克/公顷（占施氮量的 11.5%），降低了 53%[28]。

7.4.2 硝化抑制剂应用效果

7.4.2.1 提高氮肥利用率

硝化抑制剂能够显著地提高作物对氮素的吸收利用，提高作物产量。孙海军等[29]利用[15]N 标记试验结果表明，施用硝化抑制剂 2-氯-6-(三氯甲基)吡啶后，可显著提高水稻对[15]N 的吸收与利用效率，平均提高 11.1%～25.0%。小豆基肥配施硝化抑制剂，与不配施硝化抑制剂的处理相比，其鲜质量、干质量、产量和氮素积累量分别提高 2.8%、10.1%、6.8%和 6.9%；氮肥表观利用率、氮肥农学效率、氮肥生理效率和氮肥贡献率分别提高 26.6%、28.5%、1.9%和 20.1%[30]。芹菜上施用尿素和腐熟牛粪配施硝化抑制剂双氰胺（DCD），氮肥利用率从 5.4%分别提高到 16.8%和 30.3%[31]。

7.4.2.2 促进作物生长

硝化抑制剂的应用可显著促进作物的生产。花椰菜上添加硝化抑制剂 2-氯-6-(三氯甲基)吡啶可以增加花椰菜花球数和产量[32]；玉米上施用硝化抑制剂可增产 17.0%～20.8%[33]；应用 DCD 制成的长效碳铵可使水稻增产 10%[34]；油菜上也有类似的结果，添加 DCD 后油菜可增产 22.8%～33.5%[35]。

7.4.2.3 降低环境污染

硝态氮的淋溶损失是氮肥利用中存在的主要问题之一。硝化抑制剂可以通过抑制 $NH_4^+ - N$ 硝化作用从而减少土壤中 $NO_3^- - N$ 的含量，可有效减少 $NO_3^- - N$ 的淋溶损失。据串丽敏[36]报道，尿素配施 DCD 可显著降低硝态氮累积淋失，降低 13.7%。俞巧钢等[37]研究表明，2 种土壤类型蔬菜地施用 DMPP，0～15 厘米土壤无机氮增加 28.2%～34.1%，总无机氮降低 59.1%～63.0%，60 天内硝态氮累积淋失量降低 66.8%～69.4%，氨氮淋失量提高 6.7%～9.7%。与常规尿素处理相比，稻田施用 DMPP 显著减轻农田氮素流失对水体环境的污染，其田面水中铵态氮的浓度增加 24.8%和 16.7%，硝态氮浓度降低 47.7%和 70.9%，亚硝态氮浓度降低

90.6％和 88.9％，总无机氮浓度下降 13.5％与 23.1％[38]。

硝化抑制剂与氮肥配合施用，可以显著减少土壤 N_2O 排放。王改玲等[39]通过室内培养方法研究表明，在 30℃、低水分（14.2％）时，施用 N-Serve 可减少 N_2O 总排放量 65.0％；水分含量增加到 28.5％，施用 N-Serve 可减少 N_2O 总排放量 62.1％。水稻生长期施入硝化抑制剂 DCD 可以同时降低 CH_4 和 N_2O 的排放，其中基施 DCD 能有效降低 21.4％的 CH_4 排放量，施分蘖肥后、晒田前施入 DCD 能降低 30.3％的 N_2O 排放量、5.2％的 CH_4 排放量[40]。

7.4.2.4　改善作物品质

作物品质特别是作物体内硝酸盐的含量是健康食品主要指标之一，应用硝化抑制剂是控制 $NO_3^- - N$ 在作物体内积累的有效方法之一。许超[41]利用盆栽试验研究发现，尿素中添加硝化抑制剂 2-氯-6-（三氯甲基）吡啶后，菜心的 $NO_3^- - N$ 含量降低了 46.4％。余光辉等[42]研究表明，小白菜施用硝化抑制剂 DCD 后，小白菜中硝酸盐含量降低了 44.1％。硝化抑制剂不仅能降低植物体内的 $NO_3^- - N$ 浓度，而且还可以增加作物体内其他有益物质的含量。许超等[43]发现 DMPP 可显著降低小白菜硝酸盐含量，提高维生素 C、游离氨基酸、可溶性糖含量。伍少福在芹菜上的研究也得到相同的结果，DMPP 可显著降低芹菜硝酸盐含量，还可以提高芹菜维生素 C 含量等。

────── 参 考 文 献 ──────

［1］周健民，沈仁芳. 土壤学大辞典［M］. 北京：科学出版社，2016.

［2］张维理，武淑霞，冀宏杰，等. 中国农业面源污染形势估计及控制对策 I ［J］//21 世纪初期中国农业面源污染的形势估计. 中国农业科学，2004，37（7）：1008-1017.

［3］于飞，施卫明. 近 10 年中国大陆主要粮食作物氮肥利用率分析［J］. 土壤学报，2015，52（6）：1311-1324.

[4] SLANGEN J, KERKHOFF P. Nitrification inhibitors in agriculture and horticulture: aliterature review [J]. Fertilizer Research, 1984, 5 (1): 1 - 76.

[5] SOARES J R, CANTARELLA H, CAMPOS M L. Ammonia volatilization losses from surface – applied urea with urease and nitrification inhibitors [J]. Soil Biol Biochem, 2012, 52: 82 - 89.

[6] 逢焕成, 梁业森, 吴江. 大豆施用肥料增效剂的应用效果 [J]. 土壤肥料, 2005 (4): 22 - 24.

[7] 黄益宗, 冯宗炜, 王效科, 等. 硝化抑制剂在农业上应用的研究进展 [J]. 土壤通报, 2002 (4): 310 - 315.

[8] 徐星抓, 周札恺, OSWALD VAN C. 脲酶抑制剂/硝化抑制剂对土壤中尿素氮转化及形态分布的影响 [J]. 土壤学报, 2000, 37 (3): 339 - 345.

[9] MCCARTY G W. Modes of action of nitrification inhibitors [J]. Biology and Fertility of Soils, 1999, 29 (1): 1 - 9.

[10] 倪秀菊, 李玉中, 徐春英, 等. 土壤脲酶抑制剂和硝化抑制剂的研究进展 [J]. 中国农学通报, 2009, 25 (12): 145 - 149.

[11] 赵秉强, 张福锁, 廖宗文, 等. 我国新型肥料发展战略研究 [J]. 植物营养与肥料学报, 2004 (5): 536 - 545.

[12] 黄益宗, 冯宗炜, 王效科, 等. 硝化抑制剂在农业上应用的研究进展 [J]. 土壤通报, 2002 (4): 310 - 315.

[13] GORING, CLEVE A I. Control of nitrification by 2 – chloro – 6 –(trichloro – methyl) PYRIDINE [J]. Soil Science, 1962, 93 (3): 211 - 218.

[14] WOLT J D. A meta – evaluation of nitrapyrin agronomic and environmental effectiveness with emphasis on corn production in the Midwestern USA [J]. Nutrient Cycling in Agroecosystems, 2004, 69 (1): 23 - 41.

[15] DOUGLAS L A, BREMNER J M. A rapid method of evaluating different compounds as inhibitors of urease activity in soils [J]. Soil Biology and Biochemistry, 1971, 3: 309 - 315.

[16] 张文学, 杨成春, 王少先, 等. 土壤脲酶抑制剂与硝化抑制剂对稻田土壤氮素转化的影响 [J]. 中国水稻科学, 2017, 31 (4): 417 - 424.

[17] 陈苇, 卢婉芳. 稻田脲酶抑制剂对[15]N-尿素去向的影响 [J]. 核农学报, 1997, 11 (3): 151 - 156.

[18] 石柱，张丹，杨奇志，等．不同氮肥增效剂对水稻产量和养分利用率的影响 [J]．作物研究，2016，30（1）：14 - 17.

[19] 叶会财，李大明，柳开楼，等．脲酶抑制剂配施比例对红壤双季稻产量的影响 [J]．土壤通报，2014，45（4）：909 - 912.

[20] 张雪崧，孙庆元．大豆施用尿素酶抑制剂 NBPT 的产量及经济效益分析 [J]．大豆科学，2008，27（2）：339 - 342.

[21] 孙庆元，张雪崧，赵略，等．尿素酶抑制剂 NBPT 对大豆根系的影响 [J]．大豆科学，2008，27（1）：92 - 96.

[22] 刘娜，扬红，孙庆元．尿素酶抑制剂对大豆生长的影响 [J]．大连轻工业学院学报，2006，25（1）：26 - 29.

[23] 王玉峰．氢醌在玉米上应用效果的研究 [J]．玉米科学，2002，10（2）：90 - 92.

[24] 李晓鸣．氢醌在小麦吸收利用氮素中的作用 [J]．黑龙江农业科学，2002（4）：4 - 5.

[25] 王桂良，肖焱波，叶优良，等．尿素酶抑制剂对小麦产量及氮肥利用效率的影响 [J]．干旱地区农业研究，2009，27（3）：137 - 142.

[26] 周礼恺，赵晓燕，李荣华，等．尿素酶抑制剂氢醌对土壤尿素氮转化的影响 [J]．应用生态学报，1992，3（1）：36 - 41.

[27] 汤树德，徐凤花，隋文志，等．氢醌对土壤尿素氮转化的抑制动态 [J]．黑龙江八一农垦大学学报，1992（2）：29 - 35.

[28] 彭玉净，田玉华，尹斌．添加脲酶抑制剂 NBPT 对麦秆还田稻田氨挥发的影响 [J]．中国生态农业学报，2012，20（1）：19 - 23.

[29] 孙海军，闵炬，施卫明，等．硝化抑制剂施用对水稻产量与氨挥发的影响 [J]．土壤，2015，47（6）：1027 - 1033.

[30] 章淑艳，王素花，孙志梅，等．不同氮肥施用方式及硝化抑制剂对小豆生长发育及氮素利用的影响 [J]．河南农业科学，2016，45（10）：15 - 18，28.

[31] 郭艳杰，王小敏，牛翠云，等．2 种氮源与双氰胺配施对温室芹菜氮素吸收和营养品质的影响 [J]．水土保持学报，2016，30（2）：149 - 154.

[32] 韩科峰，陈余平，胡铁军，等．硝化抑制剂对花椰菜产量和品质的影响 [J]．浙江农业科学，2017，54（6）：924 - 926.

[33] 姜亮，杨靖民．硝化抑制剂微胶囊对玉米产量的影响 [J]．农业科技与信息，2016（9）：73 - 74.

［34］张志明，李继云，冯元琦，等．长效碳酸氢铵李华特性及增产机理的研究［J］．中国科学（B辑），1996，26（5）：452-459.

［35］串丽敏，赵同科，安志装，等．添加硝化抑制剂双氰胺对油菜生长及品质的影响［J］．农业环境科学学报，2010，29（5）：870-874.

［36］串丽敏，安志装，杜连凤，等．脲酶/硝化抑制剂对壤质潮土氮素淋溶影响的模拟研究［J］．中国农业科学，2011，44（19）：4007-4014.

［37］俞巧钢，陈英旭，张秋玲，等．DMPP对菜地土壤氮素淋失的影响研究［J］．水土保持学报，2006，20（4）：40-43.

［38］俞巧钢，陈英旭．DMPP对稻田田面水氮素转化及流失潜能的影响［J］．中国环境科学，2010，30（9）：1274-1280.

［39］王改玲，郝明德，陈德立．硝化抑制剂和通气调节对土壤 N_2O 排放的影响［J］．植物营养与肥料学报，2006，12（1）：32-36.

［40］李香兰，马静，徐华，等．DCD不同施用时间对水稻生长期 CH_4 和 N_2O 排放的影响［J］．生态学报，2008，28（8）：3675-3681.

［41］许超，邝丽芳，吴启堂，等．2-氯-6（三氯甲基）吡啶对菜地土壤氮素转化和径流流失及菜心品质的影响［J］．水土保持学报，2013，27（6）：326-330.

［42］余光辉，张杨珠，万大娟．几种硝化抑制剂对土壤和小白菜硝酸盐含量及产量的影响［J］．应用生态学报，2006，17（2）：247-250.

［43］许超，吴良欢，张立民，等．含硝化抑制剂DMPP氮肥对小白菜硝酸盐积累和营养品质的影响［J］．植物营养与肥料学报，2005，11（1）：137-139.

［44］伍少福，吴良欢，尹一萌，等．含硝化抑制剂DMPP复合肥对日光温室芹菜生产和营养品质的影响［J］．应用生态学报，2007，18（2）：383-388.

［45］MAFTOUN M，SHEIBANY B. Comparative phytotoxicity of several nitrification inhibitors to soybean plants ［J］．Journal of Agricultural and Food Chemistry，1979，27（6）：1365-1368.

第8章　增值类肥料

8.1　增值类肥料概述

8.1.1　增值类肥料定义

增值类肥料是指利用载体增效制肥技术，将安全环保的生物活性增效载体与化学肥料科学配伍，通过综合调控"肥料-作物-土壤"系统，改善化肥肥效的一类增值肥料产品。增值类肥料的生产工艺一般与尿素、磷酸铵、复合肥料的生产装置相结合，无须二次加工。

肥料增效载体主要是指利用腐植酸类、海藻提取物、氨基酸类、微生物代谢物等材料，通过物理、化学、生物等加工技术将其制成具有生物活性，与化肥配伍后能通过综合调控"肥料-作物-土壤"系统，达到改善化肥肥效目的的增效材料。这些由天然/植物源材料制成的肥料增效载体，可以提高肥料利用率，且环保安全。载体增效制肥技术是指将环保安全的生物活性增效载体与化肥融合配伍制备高效化肥产品的技术。例如：将腐植酸增效载体与尿素融合制备腐植酸增值肥料[1-2]。

8.1.2　增值类肥料分类

根据营养功能不同，增值类肥料可以分为增值尿素、增值磷酸铵、增值复合肥三大类。

增值尿素是将安全环保的生物活性增效载体，添加到尿素生产工艺中，与尿素生产装置结合生产的高效尿素产品。生产中，含有腐植酸、海藻酸、氨基酸增效载体的尿素高效产品，通常分别被称作腐植酸增值尿素、海藻酸增值尿素和氨基酸增值尿素[1]。腐植酸尿素是指尿素生产过程中，经过一定工艺向尿素中添加改性腐植酸溶液，使尿素含有一定数量的腐植酸，并且可以促进作物根系生长，降低氨挥发损失，使尿素的利用率得到提高的一类增值尿素产品[1]；海藻酸增值尿素是指尿素生产过程中，经过一定工艺向尿素中添加海藻酸溶液，使尿素含有一定数量的海藻酸，并且提高尿素利用率的一类增值尿素产品[1]；氨基酸增值尿素是指尿素生产过程中，经过一定工艺向尿素中添加改性的氨基酸溶液，使尿素含有一定数量的氨基酸，并且提高尿素利用率的一类增值尿素产品[1]。

增值磷酸铵是将安全环保的生物活性增效载体，添加到磷酸铵生产工艺中，通过磷酸一铵或磷酸二铵造粒工艺技术制成的一类含增效载体的磷酸一铵/酸磷酸二铵产品。与常规磷酸一铵/磷酸二铵相比，增值磷酸铵肥料产品具有减少土壤中磷素固定、增强磷素移动等效果。生产中，含腐植酸、海藻酸、氨基酸增效载体的磷酸一铵/磷酸二铵，通常分别被称作腐植酸增值磷酸一铵/磷酸二铵、海藻酸磷酸一铵/磷酸二铵、氨基酸磷酸一铵/磷酸二铵[1]。

增值复合肥是将安全环保的生物活性增效载体，添加到不同的复合肥生产工艺中，通过复合肥造粒工艺技术制成的一类含增效载体的复合肥高效产品。生产中，含腐植酸、海藻酸、氨基酸增效载体的复合肥料，通常分别被称作腐植酸增值复合肥、海藻酸增值复合肥、氨基酸增值复合肥[1]。

8.1.3 增值类肥料特点

（1）增值类肥料产品可以检测　增值类肥料中添加的增效载体具有常规可检测性，同时制成的增值类肥料产品，其载体含量和肥料功能性指标也均可检测。

（2）增值类肥料产品属于载体增效制肥　增值类肥料利用环保安全的生物活性增效载体与肥料科学配伍制备成高效肥料产品，这种技术属于载体增效制肥技术范畴，因此增值类肥料产品属于载体增效制肥。

（3）增效载体安全又环保　增值类肥料的增效载体主要由腐植酸类、海藻提取物、氨基酸类等天然/植物源材料制成，既绿色安全，又不会对植物、土壤、环境造成危害或产生负面影响。

（4）增效载体添加含量少　增值类肥料产品中的增效载体添加含量较少，一般不会超过5%，基本不影响肥料养分含量。

（5）增值类肥料产品生产低成本　增值类肥料通过研发微量高效载体，与尿素、磷酸铵、复合肥等大型化肥生产装置结合，采用一体化生产技术，避免二次加工，突破了高效肥料产品产能低、成本高的技术短板[3-5]。

8.2　增值类肥料发展现状与趋势

8.2.1　增值类肥料发展现状

增值类肥料的概念是由我国提出的，并发展于我国，属于名副其实的中国发明。自2000年以来，中国农业科学院新型肥料团队便提出载体增效制肥概念，之后一直致力于研究利用腐植酸、海藻提取物、氨基酸等天然/植物源材料，开发高活性、环保安全、专用型增效载体，与肥料科学配伍时微量添加，这种技术实现了增效载体与尿素、磷酸铵、复合肥等大型生产装置结合一体化生产绿色高效增值类肥料，突破了绿色高效肥料生产普遍存在的二次加工、产能低、成本高的技术短板[3-5]。2011年腐植酸增值尿素、海藻酸增值尿素、聚合谷氨酸增值尿素在瑞星集团大型尿素装置上实现产业化。同年，在山东省质量技术监督局备案了我国第一个增值尿素企业标准《海藻液改性尿素》。2012年5月，增值复合肥技术在中农舜天实现产业化，同时启动腐植酸类、海藻酸类、氨基酸类增值复合肥增产效果的全国联网研究。同年12月，在中国氮肥工业协会指导下，中国农业科学院农业资源与农业区划研究所联合国内多所科研机构和多家大型企业，在北京成立化肥增值产业技术创新联盟，通过产-学-研-用密切结合，研发和推广增值类肥料[6]。2015年7月20日，腐植酸、海藻酸、氨基酸增值肥料被列入《关于推进化肥行业转型发展的指导意见》，增值类肥料发展上升为国家战略。2015年12月，江西开门子肥业股份有限公司在年产20万吨的大型高塔生产装置上实现海藻酸增值复合肥料产业化。同年，"化肥增值产业技术创新联盟年会"在北京召开，我国增值类肥料技术从无到有，发展十分迅速，产业逐步壮大，增值类肥料产业已显雏形[7]。2017年5月，贵州开磷集团股份有限公司在年产20万吨的磷酸铵装置上实现海藻酸增值磷酸二铵产业化[8]。同年，《含腐植酸尿素》《含海藻酸尿素》《含氨基酸尿素》《腐植酸复合肥料》四项增值类肥料国家化工行业标准正式实施。2020年《含腐植酸磷酸一铵、磷酸二铵》和《含海藻酸磷酸一铵、磷酸二铵》两项增值磷酸铵产品化工行业标准正式实施，这一系列增值类肥料国家行业标准的发布实施，标志着增值类肥料新产业的形成[1]。随着增值类肥料在国内数十家大型企业实现产业化，增值类肥料成为全球产量最大的绿色高效肥料品种，增值类肥料的发明大幅度地提高了肥料利用率，为我国化肥减施增效、农业高质量绿色发展作出了重要贡献。

8.2.1.1　腐植酸增效载体

腐植酸增效载体是以腐植酸类物质为主要原料，利用物理、化学、生物等加工技术将其制成具有生物活性、与化肥配伍后通过综合调控系统而改善化肥肥效的增效材料。研究发现腐植酸尿素可以提高氮肥利用率5～23个百分点[9]，腐植酸在土壤中不仅可以提高肥料利用效率，还能促进作物生长发育，增强作物抗逆性，提高作物品质[10-11]。自20世纪90年代以来，腐植酸增效载体稳步发展，并经历了技术引进、技术完善、技术应用等多个阶段。2009年，全国肥料和土壤调理剂标准化技术委员会专门成立腐植酸肥料工作组，主要负责建设腐植酸肥料行业的标准制度[3]。2010年，利用化煤/褐煤腐植酸开发了锌腐酸系列增效载体，并逐渐实现锌腐酸增效载体的产业化[3]。2011年，中国农业科学院农业资源与农业区划研究所通过研发腐植酸肥料助剂，开发了腐植酸尿素新产品，同时申报了发明专利[3]。2012年10月，腐植酸工作组向国家标准化管理委员会申报了腐植酸尿素的国家标准制定工作[3]。2016年，由中国石油和化学工业联合会提出的腐植酸尿素的国家执行指标正式出台。腐植酸尿素发展迅速，并取得一系列成效，体系相对比较成熟和完整，受到越来越多的农民青睐，在农业领域也得到广泛应用。除此之外，腐植酸尿素在园艺和草坪管理中也有广泛应用，未来腐植酸尿素市场将会有更加广阔的前景。

8.2.1.2　海藻酸增效载体

海藻酸增效载体以海藻为主要原料，利用物理、化学、生物等加工技术将其制成具有生物活性、与化肥配伍后能通过综合调控系统而改善化肥肥效的增效材料。海藻酸增效载体以海藻酸为主，是用多重海藻提取物成分组成的复合体[12]。海藻酸尿素的生产原理是海藻提取物和尿素混合后发生了相互作用，主要表现为氢键的相互作用，而这种氢键的相互作用使得海藻提取物和尿素形成了 α-螺旋或高分子网络结构的载肥体系，可延缓尿素在土壤中的释放和转化[13]。2008年，中国农业科学院农业资源与农业区划研究所新型肥料团队以褐藻海带为主要原料，开发了海藻酸系列增效载体，并实现产业化[1]。中国海洋大学生物工程开发有限公司申报了海藻尿素发明专利，中国农业科学院农业资源与农业区划研究所申报了发酵海藻液肥料增效剂和海藻酸尿素的发明专利，并研究制定了增效剂和增值尿素的企业标准，实现了海藻酸尿素的产业化生产[3]。到2016年，由中国石油和化学工业联合会提出的《含海藻酸尿素》的化工行业标准并正式出台[3]。2022年5月，国家发展改革委发布《"十四五"生物经济发展规划》，明确提出要大力推进生物肥料、生物农药以及生物饲料等农业生物产品的示范推广，我国海藻酸尿素行业关注度得到进一步提升[3]。海藻酸尿素市场发展迅速，并取得一系列成效，肥料企业众多，产品合格率也较高，未来海藻酸尿素市场将会有更加广阔的发展前景。

8.2.1.3 氨基酸增效载体

氨基酸增效载体是以蛋白质水解物、氨基酸、聚合氨基酸等为主要原材料，利用物理、化学、生物等加工技术将其制成具有生物活性、与化肥配伍后通过调控系统而改善化肥肥效的增效材料。常用的氨基酸增效载体有聚天冬氨酸和聚 γ-谷氨酸（又称为多肽尿素）2 种，聚 γ-谷氨酸是生物发酵获得的物质，聚天冬氨酸可以通过生物发酵和人工仿生合成获得。聚合氨基酸高分子化合物能起到离子泵的作用，能强化作物对氮、磷、钾及微量元素的吸收。聚天冬氨酸增效原理是其含有羧基，能迅速与养分离子结合，并与根系分泌的 H^+ 交换，其本身可与二价离子形成螯合物，从而提高肥料利用率[14]。聚 γ-谷氨酸是由谷氨酸单体通过 α-氨基和 γ-羧基形成肽键的阴离子型高分子聚合物，活性高。这两种聚合氨基酸都具有长链蛋白质和阴离子表面活性剂等结构特性，可促进植物的新陈代谢，增强植物抗性。同时，对作物所需营养成分具有极强的螯合功能和催化作用，不但能促进作物对尿素的全面吸收、提高氮肥利用率，还能富集土壤中氮、磷、钾及微量元素供植物吸收利用，进而提高作物品质和产量[15]。2003 年，山东禹城中农润田化工有限公司与中国农业科学院等单位合作，聚天冬氨酸第一次作为肥料增效剂被添加到尿素中。2004 年，北京天音艾实华科技有限公司研发的"增效尿素及其制备方法"获得国家发明专利。2005 年，聚天冬氨酸尿素（多肽尿素）试车成功，第一次批量生产。2006 年，"多肽尿素工艺开发与应用"通过成果鉴定，从此国内多家尿素企业开始生产多肽尿素。湖北新洋丰肥业有限公司和华中农业大学合作开发了聚 γ-谷氨酸增效复合肥，是新一代聚肽型缓释增效肥，同时具有包膜缓释肥和螯合缓释肥的特性。近年来，聚合物包膜尿素逐渐走进人们的视野，聚合物包膜尿素市场正在逐步扩大，因其绿色环保、高效节能的特性，未来发展前景广阔，将会成为未来农业肥料领域的重要产业。

8.2.2 增值类肥料发展趋势

增值尿素作为新一代绿色高效肥料产品类型，具有提高农业效率、优化土壤环境、改善农产品品质等诸多优势，并且其生产工艺基本不需要改变原有的尿素生产工艺，只是向尿素溶液中添加增效剂，因此其生产工艺简单、生产成本较低，同时，对施用技术的要求也不高，更适合在大田作物中推广应用。当前，我国增值类肥料产业处于技术创新的关键时期，必须加快对增值类肥料技术的科学性和精准性的研究，在增效理论、产业技术、标准化体系建设和施用技术等方面也需要不断地深入研究和发展，以便生产出更好的增值类肥料产品，更好地满足农业生产需求。按照以往肥料产业的发展路径，未来增值类肥料发展的核心主要包括几个方面：研发新的产品，加强新产品的试验示范和推广应用，研究与制定增值肥料新产品标准。新产品的研发主要指新型增效剂的研发，不断研发出效果更好、成本更低、环境更友好、质量更稳定的新型增效剂，并降低添加的技术难度，这是未来新产品研发的主要方向[1,3]。除此之外，配套服务也越来越重要，针对不同作物、不同土壤条件等提供具有针对性的增效肥料产品，因地制宜，为农民提供专业化的施肥技术指导和技术培训也是非要必要的举措[3]。

据专家推测，随着我国肥料产业质量替代数量发展战略的实施，未来增值类肥料将会进入快速发展时期，增效载体也将进入新的快速发展时期，将会逐渐成为一个新兴的大产业，并逐渐成为减肥增效的主力军[1,3]。

8.3 增值类肥料施用方法

增值尿素施用方法与普通尿素类似，其施入土壤后也是以酰胺态氮肥的形式存在，除了少部分直接被作物吸收以外，大部分在土壤脲酶的作用下转化成铵后再供作物吸收。因此，增值尿素的施用方法与普通尿素的施用方法大致相同。

（1）可以作为基肥，不宜作为种肥　因为尿素容易破坏蛋白质的结构，使蛋白质变性，影响种子的发芽和幼苗根系的生长，严重时会使种子失去发芽的能力，因此可以作为基肥施用，不易作为种肥施用。

（2）在旱地施用，要注意深施覆土 尿素施入土壤后，会在土壤中分解，最终产物是碳酸铵，碳酸铵很不稳定，会在土壤中或土壤表面分解形成游离氨，易挥发损失，所以施用尿素时应当深施覆土，防止氨的挥发。

（3）在水田施用，应在灌水前施用 尿素在水田施用时，最好深施，且施用后 3～5 天再灌水，防止尿素淋洗，造成肥料浪费及污染环境。

（4）适合根外追肥 尿素分子体积小，易于透过细胞膜进入细胞，加之尿素本身有吸湿性，容易被叶片吸收，因此适用于各种作物的叶面喷施，所以尿素作根外追肥比其他氮素肥料的效果好，还可以用于滴灌施用。

（5）施用时间应在早晨或傍晚 尿素施用时间应该在早晨或傍晚，最好是雨后或阴天，切忌在晴天（或中午）气温较高时施用，以免分解，造成氨挥发浪费。

（6）配合其他肥料施用 尿素施用时应和磷肥或其他肥料配合施用，这样既可以满足作物对各种养分的需要，同时也能发挥肥料之间的相互协同作用。

（7）配合有机肥料施用 尿素和有机肥料配合施用是提高尿素肥效的一项有效措施。

8.4 增值类肥料施用效果

在田间条件下，增值类肥料通过养分增效和供肥性能的改善，使作物增产 5%～10%，减肥 10%～20%，肥料利用率提高 5～10 个百分点。

8.4.1 增值尿素

增值尿素能促进作物增产稳产，提高氮肥利用率，降低损失，节约资源，保护环境。中国农业科学院农业资源与农业区划研究所新型肥料团队试验结果表明，与普通尿素相比，增值尿素（海藻酸增值尿素、氨基酸增值尿素、腐植酸增值尿素）可使作物平均增产7％左右，氮肥表观利用率提高约 7.6 个百分点[1]。氨基酸增值尿素对水稻和水稻幼苗的影响试验结果表明，施用氨基酸增值尿素能够显著促进水稻苗期生长；和单施尿素处理相比，增值尿素促进株高、根长和 SPAD 值增长，提高根直径、根体积和根尖数；增加土壤有机碳和全氮的含量；氨基酸增值尿素对土壤酶活性具有显著的激发效应，土壤蔗糖酶、过氧化氢酶的活性显著增加，同时促进了土壤微生物的活性[16-17]。此外，腐植酸增值尿素在玉米、小麦等大田作物上具有增产效果，等氮投入下，增产幅度在 5％～10％[18-21]。袁亮等人利用同位素^{15}N 尿素，在土柱栽培试验下研究结果表明，与普通尿素相比，增值尿素（海藻酸增值尿素、氨基酸增值尿素、腐植酸增值尿素）在冬小麦和夏玉米上均表现出明显的增产效果，冬小麦增产幅度为 3.7％～13.6％，夏玉米增产幅度为6.2％～22.2％，且腐植酸增值尿素和海藻酸增值尿素的增产效果高于氨基酸增值尿素[22]。此外，也有研究表明，增值尿素在冬小麦和玉米等大田作物上，减氮 10％～20％不会减产，仍能保持高产稳产，这对保障作物高产、减少化肥用量、提高肥料利用率发挥了重要作用[23]。

8.4.2　增值磷肥

关于增值磷肥在增产稳产和提高磷肥利用率方面的效果，中国农业科学院农业资源与农业区划研究所在冬小麦、夏玉米上的试验结果表明，等磷量投入下，施用海藻酸磷酸二铵比普通磷酸二铵增产 4.1％，磷肥利用率提高 5.1 个百分点[1]。李志坚等人用不同增值磷肥产品在土柱栽培试验下研究结果表明，与不添加增效载体的磷肥比较，增值磷肥（腐植酸增值磷肥、海藻酸增值磷肥、氨基酸增值磷肥）在冬小麦上具有明显的增产效果，尤其以腐植酸增值磷肥和海藻酸增值磷肥的增产效果更为明显[24]。等磷投入下，不同分子、不同类型、不同含量的腐植酸和磷肥结合制成的增值磷肥，比普通磷肥具有明显的增产效果,冬小麦增产幅度为 $6.0\%\sim$ $21.4\%^{[24-26]}$。张运红等人开展 2 年小麦盆栽试验,结果表明,与磷酸二铵单施处理相比,磷酸二铵添加增效剂处理均可提高小麦的产量和磷肥利用效率[27]。孟品品等人对设施生菜生长发育和土壤理化性质的研究结果表明,与常规硝酸磷肥相比,增值硝酸磷肥可以提高生菜叶绿素 SPAD 值、株高、叶宽、冠幅,增产 16.32%,可提高生菜维生素 C、可溶性糖、可溶性蛋白质含量,降低硝酸盐含量,使土壤容重降低 8.82%,土壤总孔隙度、大于 0.25 毫米土壤团粒结构占比、pH、有机质含量、碱解氮含量、有效磷含量、速效钾含量分别有不同程度提高[28]。

8.4.3 增值复合肥料

关于增值复合肥在大田作物上的增产效果,中国农业科学院农业资源与农业区划研究所联合其他单位研究结果表明,增值复合肥料与普通复合肥肥料相比,作物产量可提高 $6.0\%\sim17.4\%$,肥料利用率可提高 10 个百分点以上。李金鑫研究增值复合肥(腐植酸增效复混肥料、海藻酸增效复混肥料和氨基酸增效复混肥料)及其减量对玉米和小麦产量、养分吸收利用、肥料利用效率和土壤培肥的影响,结果表明,增效复混肥可显著提高玉米和小麦产量,玉米产量增加 $7.1\%\sim8.0\%$,小麦产量增加 $12.3\%\sim16.0\%$;增效复混肥还可显著提高肥料利用率和农学效率,玉米的氮、磷、钾肥料利用率平均增加 7.12 个、10.32 个和 7.66 个百分点,小麦的氮、磷、钾肥料利用率平均增加 13.20 个、9.98 个和 11.37 个百分点;此外,增效复混肥可显著促进玉米对氮素的吸收[29]。陈亮等人在蔬菜上研究腐植酸增值复混肥料及其减量对小拱棚花椰菜产量、品质和土壤电导率的影响,结果表明,与常规复混肥相比,腐植酸增值复混肥料能促进花椰菜叶片叶绿素的合成,显著增加花椰菜产量 13.78%;显著提高花椰菜维生素 C 和可溶性糖含量,降低土壤电导率值,从而降低土壤次生盐渍化的风险,且腐植酸增值复混肥料减量 20% 花椰菜产量不降低[30]。

━━━━━━ **参 考 文 献** ━━━━━━

[1] 赵秉强，等．增值肥料概论［M］．北京：中国农业科学技术出版社，2020.

[2] 许秀成．试论"增值肥料"的内涵及其评价"中国粮食高产我们可以做什么"报告之二［J］．磷肥与复肥，2010，25（1）：1-5.

[3] 赵秉强，等．新型肥料［M］．北京：科学出版社，2013.

[4] 赵秉强，张福锁，廖宗文，等．我国新型肥料发展战略研究［J］．植物营养与肥料学报，2004，10（5）：536-545.

[5] 赵秉强．传统化肥增效改性提升产品性能与功能［J］．植物营养与肥料学报，2016，22（1）：1-7.

[6] 赵秉强．发展尿素增值技术，促进尿素产品技术升级［C］//中国植物营养与肥料学会2012年学术年会论文集，2012.

[7] 徐晓磊，陈蕾．中国海油：增值技术惠良田　多措并举助增收［J］．中国农资，2021（36）：10.

[8] 赵秉强，林治安，刘增兵．中国肥料产业未来发展道路——提高肥料利用率，减少肥料用量［C］//第二届全国新型肥料学术研讨会论文集，2010.

[9] 冯元琦．腐植酸与可持续发展［J］．腐植酸，2004，1：5-10.

[10] 孙明强．腐植酸包裹型长效尿素在水稻上应用效果研究［J］．腐植酸，2000，3：23-27.

[11] 刘立新．腐植酸在植物营养元素上的应用［J］．腐植酸，2002，3：14-16.

[12] 吴江．海藻肥的开发及市场前景［J］．世界农业，2003，287：46.

[13] 黄建林，王德汉，刘承昊，等．载体尿素的研制及其释放机理研究初探［J］．植物营养与肥料学报，2006，12（3）：451-453.

[14] 雷全奎，郭建秋，杨小兰，等．聚天冬氨酸作为肥料增效剂的施用效果［J］．中国农村小康科技，2006，6：50-52.

[15] 汪家铭．聚 γ-谷氨酸增效复合肥的发展与应用［J］．泸天化科技，2010，2：73-77.

[16] 袁宏．氨基酸增值尿素对水稻生长的影响及作用效果研究［D］．合肥：安徽农业大学，2022.

[17] 程林. 氨基酸增值尿素对土壤微生物群落及水稻生长的影响 [D]. 合肥：安徽农业大学，2020.

[18] 岳克，马雪，宋晓，等. 新型氮肥及施氮量对玉米产量和氮素吸收利用的影响 [J]. 中国土壤与肥料，2018（4）：75-81.

[19] 冉斌，张爱华，张钦，等. 新型腐殖酸尿素对玉米产量、养分积累及利用的影响. 河南农业科学，2018，47（12）：28-33.

[20] 刘红恩，张胜男，刘世亮，等. 腐殖酸尿素对冬小麦产量、养分吸收利用与土壤养分的影响 [J]. 西北农业学报，2018，27（7）：944-952.

[21] 张兰生，张晶，党建友，等. 锌腐酸肥料对冬小麦群体、产量和品质的影响 [J]. 中国土壤与肥料，2018（2）：109-112.

[22] 袁亮，赵秉强，林治安，等. 增值尿素对小麦产量、氮肥利用率及肥料氮在土壤剖面中分布的影响 [J]. 植物营养与肥料学报，2014，20（3）：620-628.

[23] 张运红，孙克刚，杜君，等. 海藻寡糖增效尿素对水稻产量和品质的影响 [J]. 河南农业科学，2016，45（1）：53-56.

[24] 李志坚，林治安，赵秉强，等. 增效磷肥对冬小麦产量和磷素利用率的影响 [J]. 植物营养与肥料学报，2013，19（6）：1329-1336.

[25] 李军. 腐殖酸对氮、磷肥增效减量效应研究 [D]. 北京：中国农业科学院，2017.

[26] 马明坤，袁亮，李燕婷，等. 不同磺化腐殖酸磷肥提高冬小麦产量和磷素吸收利用的效应研究 [J]. 植物营养与肥料学报，2019，25（3）：362-369.

[27] 张运红，黄绍敏，和爱玲，等. 磷酸二铵添加增效剂对小麦-花生轮作系统作物产量和磷肥吸收利用的影响 [J]. 麦类作物学报，2020，40（11）：1342-1350.

[28] 孟品品，关小敏，韩冬芳，等. 增值硝酸磷肥在设施生菜上的应用效果研究 [J]. 磷肥与复肥，2020，35（10）：48-52.

[29] 李金鑫. 增效复混肥料在玉米小麦上的应用效果 [D]. 泰安：山东农业大学，2019.

[30] 陈亮，常丽，桂秀，等. 腐殖酸增值复混肥料及其减量在花椰菜上的应用效果 [J]. 灌溉排水学报，2021，40（S2）：107-110.

第 9 章 稳定性肥料

9.1 稳定性肥料概述

9.1.1 稳定性肥料定义

稳定性肥料是指通过一定工艺将脲酶抑制剂和硝化抑制剂加入肥料中，使其施入土壤后可通过脲酶抑制剂延缓尿素在土壤中的水解，减少铵态氮的挥发损失；通过添加硝化抑制剂延缓铵态氮在土壤中的硝化作用，降低硝态氮的淋失，从而延长尿素和铵态氮肥在土壤中的存留时间，达到减少氮素流失、提高氮肥利用率的目的，即通过抑制氮素在土壤中的转化过程，达到延长肥料效应的一类含氮肥料[1-3]。在农业生产中，通过抑制剂的抑制作用来减少肥料损失是提高氮肥利用率的一项重要有效途径。因此，推广应用高效环保生化抑制剂产品可以满足氮肥工业和现代化农业生产的技术需求，对提高作物产量和农业发展有至关重要的作用。

9.1.2 稳定性肥料作用机理

氮素是植物生长所必需的一种大量营养元素，也是植物需求量最大的一种矿物元素。近年来，为了提高农作物经济效益，各国大量施用氮肥，导致氮肥用量逐年上升。但氮肥利用率并不太高，据统计，施入土壤中的氮肥利用率只有 $35\% \sim 50\%$。因为氮素以不同形态进入环境的过程中，氮素之间、氮素与周围介质之间，经常伴随和发生着一系列的物理、化学和生物转化作用。例如，尿素施入土壤经脲酶水解后会引起的土壤 pH 上升导致 NH_3 挥发损失。在硝化菌的作用下，铵态氮肥转化为更易溶于水的硝态氮而随降雨淋溶流失，这些现象不仅造成了氮肥的大量流失，从而导致巨大的经济浪费；同时，流失的氮肥还会造成环境氮素污染。具体过程如图 9-1 所示：

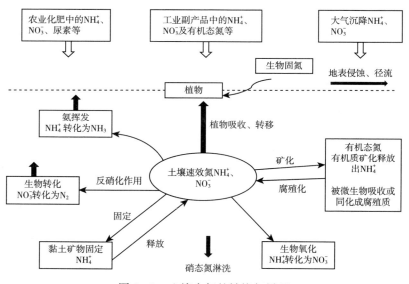

图 9-1　土壤中氮的转换与循环

9.1.2.1　硝化抑制剂

（1）硝化作用过程　在氮素循环和各种脱氮工艺中，硝化过程是极其重要的一个环节，是必不可少的步骤。土壤硝化-反硝化过程是温室气体 N_2O 的主要产生途径，其在百年尺度增温潜势是 CO_2 的 265 倍[4]；土壤硝化作用形成的硝态氮移动性强，在降雨或灌溉时易随水淋失到深层土壤，这也是地下水污染的重要来源，在特殊情况下，土壤反硝化导致的 N_2 排放同样是养分资源损失的重要途径。

在好氧条件下，硝化菌将 $NH_4^+ - N$ 转化为 $NO_2^- - N$ 和 $NO_3^- - N$ 的生化反应称之为硝化反应。其具体反应过程如下：

$$55NH_4^+ + 76O_2 + 109HCO_3^- \rightarrow C_5H_7O_2N + 54NO_2^- + 57H_2O + 104H_2CO_3$$

$$400NO_2^- + NH_4^+ + 4H_2CO_3 + HCO_3^- + 195O_2 \rightarrow C_5H_7O_2N + 400NO_3^- + 3H_2O$$

总反应式为：

$$NH_4^+ + 1.83O_2 + 1.98HCO_3^- \rightarrow 0.021C_5H_7O_2N + 0.98NO_3^- + 1.04H_2O + 1.88H_2CO_3$$

硝化反应的第一步指的是 NH_4^+ 为转化为 NO_2^- 的过程，也成为氨氧化途径，参与这一过程的细菌为亚硝化细菌，反应的中间产物是 NH_2OH，这一步是硝化反应的限速步骤，是土壤中影响 NH_4^+ 平衡的主要因素。$NH_4^+ - N$ 氧化成羟胺（NH_2OH）主要是氨单加氧酶（AMO）完成，三组不同的微生物氨氧化细菌（AOB）、氨氧化古菌（AOA）和全程氨氧化细菌（NOB），都具有影响该途径的关键酶——氨单加氧酶（AMO），AOB、AOA 和 NOB 都可能参与土壤氨氧化过程；随后在羟胺还原酶（HAO）的作用下形成 $NO_2^- - N$[4]。

硝化作用的第二步指的是 NO_2^- 在硝化细菌作用下快速进一步氧化成 NO_3^- 的过程，参与这一过程的细菌为 NO_2^- 氧化细菌，主要由一氧化氮还原酶（NOR）完成；另外，硝化过程中还会产生 NO 和 N_2O 两种气体[4-5]。硝化作用受很多因素的影响，其中主要有土壤水分和通气条件、土壤温度和 pH、施入肥料的种类和数量，以及耕作制度和植物根系等。

（2）硝化作用机理　硝化抑制剂（简称 NI）是一类能够抑制土壤硝化微生物活性物质的总称。其技术原理：硝化抑制剂抑制了土壤中的亚硝化、硝化甚至反硝化过程，从而阻碍了 NH_4^+ 向 NO_2^-、NO_3^- 的转化；通常情况下，硝化抑制剂对硝化作用的阻控是作用于硝化反应的第一步，即抑制 AMO 的活性[6]。当将硝化抑制剂加入氮肥中施入土壤后，可以阻碍铵态氮的转化，保持氮以氨的形式存在，从而控制硝态氮的淋失和反硝化作用的损失，阻止硝态氮的反硝化作用，进而提高氮肥利用率，同时减少氮素环境污染。硝化抑制剂在无机氮含量高、氮淋失严重和反硝化较强的土壤中效果更明显。此外，硝化抑制剂不仅延长了土壤中铵态氮的存在时间，还加强了土壤磷的活性，从而促进植物对磷素的吸收。

此外，不同类型的硝化抑制剂有不同的作用机制。例如 DCD、DMPP 等通过产生毒性来抑制氨氧化细菌的活性，进而抑制 NH_3 转化为 NO_2^-；氰酸盐和氯酸盐等可抑制硝化杆菌属细菌的活性，从而抑制 NO_2^- 转化为 NO_3^-[7]。

（3）常见硝化抑制剂　在农业生产上经常应用的几种硝化抑制剂有：2-氯-6-三氯甲基吡啶、双氰胺（DCD）、3，4-二甲基吡唑磷酸盐（DMPP）、三氯甲基吡啶（NP）、DMPSA 等[8]。

①双氰胺（DCD）。DCD 广泛应用在国内外农业生产中，美国在 20 世纪 80 年代前后首次将 DCD 作为一种硝化抑制剂的商品在农业上使用，其优点在于硝化抑制效果明显、价格便宜且不易挥发。DCD 的硝化抑制作用在 20 世纪初就已经被发现，它可以通过肥料石灰氮（$CaCN_2$）来合成，$CaCN_2$ 是由大气中的氮和电气石（CaC_2）反应合成得到。在高浓度条件下，$CaCN_2$ 水解得到氰氨氢钙悬浮液，悬浮液经过减压和过滤除去氢氧化钙滤渣，再向滤液中通入二氧化碳，用以沉淀溶液中的钙，最后得到氰胺水溶液，高温下绝大部分的氰氨转化为双氰胺[9-10]。DCD 的抑制作用主要在硝化反应的第一步，即铵态氮向亚硝态氮转变的过程，由于其结构中含有与 NH_3 相类似的氨基（—NH_2），从而构成了底物竞争型的抑制，使得硝化微生物对底物的利用产生抑制，进而阻碍了铵态氮向亚硝态氮、硝态氮的转化，达到抑制硝化的作用[9]。DCD 施用的影响因素主要有环境因素（温度、降雨）、土壤因素（土壤种类）、人为因素（氮肥用量）、作物种类等。DCD 缺点在于通常用量较高，使其在生产应用上增加了许多不确定因素，如移动性较强、在强降雨过程易发生淋洗、污染水源等；同时，DCD 对作物还具有

一定毒性，其毒性大小取决于作物种类[4]。

②三氯甲基吡啶（NP）。NP 是陶氏化学公司生产的一种抑制类产品，它作为一种氮肥稳定剂被合成出来以后被陶氏公司开发。NP 的有效成分为 2-氯-6-（三氯甲基）-吡啶，产品的名称为"N-Serve"，白色结晶固体，相对分子质量为 230.9，熔点 62～63℃，能在多种有机溶剂中进行溶解。与 DCD 的抑制机理不同，NP 主要是通过其杀菌功效实现硝化抑制。它是金属螯合剂，因此可以在 AMO-B 亚基的活性位点结合铜，还可作为 AMO-B 底物的替代品，从而产生不可逆的氨氧化灭活作用[4,11]。又因为 NP 具有挥发属性，因此很难作为固体肥料的添加剂，需要与液态肥料一起深施入土，正是由于其蒸汽压相对较低，所以应用时必须穴施、条施或者注射深施，不能撒施。

③3，4-二甲基吡唑磷酸盐（DMPP）。DMPP 是德国巴斯夫公司在 1994 年研发的硝化抑制剂，近年来其在国内外应用较多。DMPP 的主要优点为用量小、淋溶低、无毒，而且 DMPP 可加入液体和固体肥料中，性质比较稳定；还能增加植株吸氮量，并促进作物对其他养分的吸收[12]。它以丁酮、多聚甲醛等为原料，通过缩合、环合、脱氢、成盐四步反应合成而来，也是金属螯合剂，通过抑制 AMO 活性达到抑制作用。与 DCD 和 NP 不同的是 DMPP 具有施用方式多样化（可与固体或液体化肥混合施用，还可以或直接加入有机肥）和低用量的优势[4]。

④3，4-二甲基吡唑丁二酸（DMPSA）。DMPSA 是一种新型硝化抑制剂，其结构中特有的丁二酸组分使其理论上比 DMPP 稳定性高，并在 N_2O 减排上也有一定的成效[11]。

9.1.2.2　脲酶抑制剂

（1）尿素转化过程　尿素是酰胺态氮肥，分子式为 $CO(NH_2)_2$，施入土壤后，酰胺态氮通过脲酶作用迅速水解为 NH_4^+，NH_4^+ 的大量积累容易引起 NH_3 的挥发，造成活性氮损失；NH_4^+ 经硝化作用转化成硝酸盐（NO_3^-），易造成硝酸盐淋失和氮氧化物排放，最终造成大量氮素损失。具体过程如图 9-2 所示：

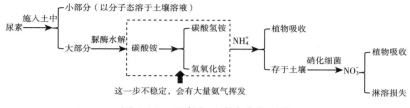

图9-2 尿素在土壤中水解过程

尿素在土壤中的转化过程分为两个主要阶段：第一阶段是水解过程，尿素进入土壤后先被转化成不稳定的氨基甲酸铵盐，氨基甲酸铵盐被土壤中的酶水解为氨和二氧化碳，这个过程由尿素酶催化完成；氨气挥发到空气中，是尿素表施或淹水情况下损失的主要途径[5]。第二个阶段是氨化过程，水解产生的氨会进一步被土壤中的其他微生物转化为铵态氮（NH_4^+），这个过程叫氨化反应，主要由硝化细菌完成。具体反应方程式如下：

$$(NH_2)_2CO+H_2O \rightarrow 2NH_3+CO_2$$
$$NH_3+H_2O \rightarrow NH_4^+$$

（2）脲酶抑制剂作用机理 脲酶抑制剂是一种安全有效的氮肥增效剂，在减少温室气体排放、NH_3挥发损失、$NO_3^- - N$淋洗，提高氮肥利用效率（NUE）、作物产量和改善品质等方面具有良好功效。脲酶抑制剂主要和氮肥产品配合施用，施用脲酶抑制剂能够降低尿素在土壤中水解的速度，并且降低酰胺态氮向氢氧化钠氨和铵态氮的转化，从而避免或减少尿素以氨形式挥发损失[3]。将脲酶抑制剂加入尿素或硝铵尿素中不仅能够增加氮的效率，还能减少尿素对种子的伤害。

脲酶抑制剂通过抑制脲酶活性，达到短期延缓尿素水解、减少氨气挥发的目的。目前，国内外公认的脲酶抑制剂的作用机理有3种[13-14]：一是脲酶抑制剂对脲酶的巯基键（—SH）发生作用，即半胱氨酰的—SH键被醌氧化脱氢形成含有S—S键的胱氨酰，从而降低脲酶的活性，起到缓解尿素水解作用，醌类和酚类脲酶抑制剂属于这类作用机制。二是脲酶抑制剂与尿素争夺配位体，大多数酰胺类脲酶抑制剂分子都含有 N、O 原子，N、O 原子可与脲酶的 Ni 原子对接形成配位（Ni—O，Ni—N），从而减少尿素与脲酶的接触，达到缓解尿素水解的作用。三是脲酶抑制剂抑制或延缓脲酶形成，即脲酶抑制剂通过影响微生物活性，来调控脲酶的形成，从而间接抑制尿素的水解[13-14]。

（3）脲酶抑制剂常见类型　　目前，肥料市场上已经申请专利并用于农业生产的脲酶抑制剂种类有几十种，常用的脲酶抑制剂大致可以分为以下几类：磷酰胺型抑制剂、酚醌类抑制剂、杂环类化合物及其他类抑制剂等[15-16]。磷酰胺型抑制剂有 N-丁基硫代磷酰三胺（NBPT）、邻苯基磷酰二胺（PPD）、硫代磷酰三胺（TPT）等。酚醌类抑制剂有氢醌（HQ）、P-苯醌等。杂环类化合物有硫代吡啶类、硫代吡唑类等。其他类抑制剂有硫酸铜、木质素、腐植酸等。目前应用较为广泛的主要有 N-丁基硫代磷酰三胺（NBPT/NBTPT）、氢醌（HQ）、苯基磷酰二胺（PPD/PPDA）以及 Li-mus 脲酶抑制剂等[15-16]。

①N-丁基硫代磷酰三胺（NBPT）。NBPT 是目前在农业应用及商业开发上使用最有效的、最广泛的脲酶抑制剂之一。其作用原理是在非酸性土壤、通气性良好的条件下，脲酶抑制剂 NBPT 能够有效削弱 $NO_3^- - N$ 的形成，从而提高尿素的利用率；同时，该产品在土壤中还能降解生成 N、P、S 等各种营养物质。NBPT 主要应用于作物播种前，有时也可用于作物追施、侧施、喷施和其他播种后施用。尤其在那些作物产量潜力高、土壤氮水平低，以及环境条件利于氨的挥发损失的土壤上，配合氮肥施用效果最佳[17]。

②氢醌（HQ）。HQ 研究和应用主要集中在我国，其最大的优点是成本较低，因此受到极大关注。20 世纪 80 年代初，中国科学院沈阳应用生态研究所对氢醌进行了系统研究，相关实验证明 HQ 对脲酶抑制具有时间性，随着时间延长抑制作用逐渐减弱，具有一定的保氮作用。研究结果证明，HQ 同尿素配合后再添加磷、钾元素，可使农作物产生明显的经济效益[16]。

③硫脲（TU）。TU 是一种典型的弱脲酶抑制剂，对尿素的水

解也有显著的抑制作用，作用强度与其用量有关[16]。

9.1.3 稳定性肥料的分类

稳定性肥料不能被称作缓释肥料或控释肥料，因为它不能满足缓控释肥料标准中养分缓慢释放或控制释放的特性，因此常被称为长效肥料。脲酶抑制剂和硝化抑制剂及其添加技术是稳定性肥料的技术核心。按照种类不同，稳定性肥料可以分为稳定性尿素、稳定性复混氮肥、稳定性复合肥料和稳定性掺混肥[18-19]。

稳定性氮肥是指在尿素的生产过程中添加少量脲酶抑制剂或硝化抑制剂，或者同时添加两种抑制剂的一类稳定性肥料。稳定性氮肥施入土壤后，能够延缓尿素水解转化成铵、抑制硝化细菌将铵离子转变成硝态氮和亚硝态氮，使尿素肥效期延长[3]，特别是在阳离子交换量较高的土壤中效果尤其明显。

稳定性复混肥料是指在普通复合肥生产的过程中，在原料中添加少量增效剂（抑制剂）或对复混肥成品进行包膜处理而制成的一类稳定性肥料。其营养全面，肥效期长，肥料利用率高，可实现一次性施肥，不用追肥[8]。该肥料生产工艺不需要进行很大变动，只需要在肥料生产过程中增设抑制剂添加工序即可。如：在普通复合肥生产工艺的基础上，采用即时加入工艺[1]，增设添加抑制剂的工序，就可实现稳定性复混肥料生产。氨酸法是目前生产稳定性复混肥料最常用的一项工艺[20]。

2013 年国家将稳定性肥料纳入生产许可证管理范围，并将稳定性肥料分为三种类型，即：只添加脲酶抑制剂的肥料被称作稳定性肥料 I 型；只添加硝化抑制剂的肥料被称作稳定性肥料 II 型；同时添加两种抑制剂的肥料被称作稳定性肥料 III 型[1]。

9.1.4 稳定性肥料优缺点

稳定性肥料可以延缓水解，延长肥料效应，具有很多优点，具体包括以下几方面[15]：

（1）提高肥料利用率 稳定性肥料施入土壤后，通过抑制氮素在土壤中的转化过程，减少氮的淋失和硝态氮流失，延长肥料效应，提高氮肥利用率。

（2）延长肥效期　稳定性尿素施入土壤后，可以使尿素的肥效期由 50 天延长到 90～120 天，是普通尿素的 2 倍左右，实现大田作物一次性施肥且无须追肥。

（3）活化根际养分　有的硝化抑制剂具有活化土壤中磷的作用，间接地加强了根际磷酸盐活性，促进植物对磷素的吸收，提高磷的有效利用，进而增强了植株对根际养分的吸收。

（4）降低面源污染　施用稳定性肥料后，抑制剂可以抑制氮素在土壤中的转化，从而减少 N_2O 和 NO_2 的释放，减少氨的挥发损失，减少氮素对环境的污染，特别是在少耕农田表施情况下。

（5）生产工艺简单，成本低　稳定性肥料的生产工艺可与原肥料生产工艺相结合，只需要在生产过程中增设添加抑制剂工序，设备投资少、工艺改动较小、化肥成本增加少，只有普通复合肥的 2%～3%。

（6）增产效果明显　稳定性肥料的试验结果表明，等氮量施肥条件下，稳定性肥料可以实现平均增产 7%～16%；在减少 20% 用肥量条件下，作物不会减产。

9.2　稳定性肥料发展现状与趋势

9.2.1　稳定性肥料发展现状

早在 20 世纪 60 年代我国就开始重视稳定性肥料的研究，到 20 世纪 70 年代初期辽河化肥厂、大庆化肥厂等大型企业首次生产出以脲酶抑制剂为主的缓释尿素产品，直到 20 世纪 80 年代中期，脲酶抑制剂首次应用到肥料生产中，这就是长效尿素。经过中国科学院沈阳应用生态研究所的不断努力探索，最终研制出在尿素和复合肥中应用的新型抑制剂，即稳定性肥料，使得稳定性肥料实现大面积产业化。到 21 世纪初期，中国科学院沈阳应用生态研究所又研制出硝化、脲酶抑制剂的复合产品——NAM、增铵系列，并开始产业化[21]。由中国科学院沈阳生态研究所牵头，上海化工研究院、郑州大学、施可丰股份有限公司、黑龙江爱农复合肥料有限公司等共同参与制定的国家行业标准《稳定性肥料》（HG/T 4135—2010）于 2011 年 3 月 1 日正式实施，这标志着我国稳定性肥料产业的发展步入了一个新的阶段。这个标准的出台意义重大，是国际上首个稳定性肥料标准，标准中规范了很多相关定义术语，统一了检验方法，为稳定性肥料市场的规范化发展奠定了基础。目前，我国已有 20 多家单位从事稳定性肥料研究、50 多家企业从事稳定性肥料生产，我国稳定性肥料产业取得阶段性成功[21]。

稳定性肥料的发展离不开脲酶抑制剂和硝化抑制剂的配伍技术，经过多年的努力，脲酶抑制剂和硝化抑制剂的研究也已经取得一定成效。

9.2.1.1 硝化抑制剂发展现状

早在 20 世纪 50 年代中期，美国率先开展人工合成硝化抑制剂的研究。到 1962 年，美国道化公司首次报道了氯甲基吡啶具有硝化抑制剂特性[1]。直到 20 世纪 60 年代，中国科学院南京土壤研究所李庆逵研究员带领课题组成员开始硝化抑制剂的研究。1975 年，美国 DOW 公司研制出 N‑Sever 硝化抑制剂产品，并正式批准其应用于农业生产。20 世纪 80 年代美国把 DCD 硝化抑制剂用在农业推广上[1]。

此后，世界各国掀起硝化抑制剂热潮，纷纷开始探索研究不同硝化抑制剂产品。如日本对硝化抑制剂进行深入的研究，应用的品种有 TU（硫脲）、AM（2‑氨基‑4‑氯‑9‑甲基吡啶）、MBT（2‑巯基苯并噻唑）、ATC（4‑氨基‑1，2，4‑三唑盐酸盐）、ST（2‑磺胺噻唑）等。印度用天然的植物资源，如凋落的茶树叶、杨树叶和栗树叶等作为抑制剂的研究也较为广泛突出[1]。前苏联进行过 DCD 和 TU 等方面的试验研究。德国 BASF 公司研制的 DMPP（3，4‑二甲基吡啶磷酸盐）硝化抑制剂，注以商标 ENTEC（含铵态氮 18.5%、硝态氮 7.5%、S14%、DMPP 0.29%）投入市场，并在欧洲、南美洲、澳大利亚、北非及亚洲地区被广泛应用于农业生产实践。这期间世界各地研制出许多硝化抑制剂产品，申请专利后并被注册为商品在市场上流通，在农业上得到大量应用的硝化抑制剂产品有 DCD、DMPP 和 CMP（1－甲基吡啶－1 羟酰胺）等[1,8,15]。

9.2.1.2　脲酶抑制剂发展现状

　　脲酶抑制剂的研究早于硝化抑制剂，20 世纪 30 年代，Rotini 首次提出了脲酶的存在，人们从此开始认识脲酶和脲酶抑制剂。直到 70 年代中期，中国科学院沈阳生态研究所周礼恺研究员团队开始氢醌类的脲酶抑制剂研究[8]，我国才开始研究脲酶抑制剂。国际上已开发了 70 多种有实用意义的脲酶抑制剂，主要包括醌类、多羟酚类、磷酰胺类、重金属类及五氯硝基苯等[15]。经过多年努力研究，许多脲酶抑制剂已经申请专利并被注册为商品在市场上流通，其中 NBPT 和 HQ 两种脲酶抑制剂在生产实际中应用最广泛。随着科技的发展，近年来，德国 BASF 又研发了一种名为 LIMUS 的新型脲酶抑制剂[8]。

9.2.1.3　复合型抑制剂发展现状

　　单一的抑制剂产品具有局限性，如脲酶抑制剂有效作用时间较短，且只能延缓氨的生成时间，不能减少其总损失；硝化抑制剂作用效果受尿素水解产物在土壤中的累积进程与数量限制。因此，将这两类抑制剂配合使用，发挥其协同作用，才能有效调节尿素氮在土壤中转化的整个进程，从而减少尿素氮的多种损失途径[1]。在 20 世纪 80 年代初期，人们开始了复合抑制剂和长效碳铵技术的研究。20 世纪 90 年代中期以后，抑制剂开始转向复合型，长效碳铵产业化，即脲酶/硝化抑制剂组合和两种脲酶抑制剂组合使用，如 HQ＋DCD、NBPT＋DCD、HQ＋ECE 等，其中 HQ＋DCD 价格低廉、使用方便、效果较好[1]。90 年代末，中国科学院沈阳应用生态研究所推出商品名为"肥隆"的复合型氮肥长效增效剂，集脲酶抑制剂、硝化抑制剂作用于一体。21 世纪以来，德国巴斯夫公司推出新型硝化抑制剂 DMPP 产品，与 DCD 产品相比，DMPP 产品具有更高效、更稳定性、低毒性的特点[1]。

9.2.2 稳定性肥料发展趋势

当前，稳定性肥料在不断集成创新中蓬勃发展，但仍存在产品投入成本较高、功能性质单一、生产工艺能耗较高等问题。根据当前肥料发展的现状和市场需求及稳定性肥料产品的特性，未来稳定性肥料发展将以绿色环保、低本廉价和优质高效的抑制剂产品为研发突破口，通过规模化、连续化、自动化和智能化的生产工艺与设备升级换代，创制稳定性肥料的新产品和新技术，实现新型肥料产业化及规模化，保障国家生态环境安全和农产品质量安全，推动农业可持续发展，这些是我国稳定性肥料行业未来发展的目标[22]。简单概括，未来肥料行业发展的总体趋势特点是开发环境友好型、稳定高效型、缓释控释型、有机无机配合型、生物促生型等新型肥料产品[22]。

为了保证稳定性肥料产业的健康发展，在未来的发展过程中还要解决以下几方面的关键问题：一是研究脲酶抑制剂和硝化抑制剂在土壤中作用效果的持续时间；二是研究不同抑制剂配伍协同作用机制，以及抑制剂和增效剂复合作用机制；三是调控不同类型氮肥专用抑制剂在土壤中养分转化和生物化学过程；四是新型高效脲酶抑制剂和硝化抑制剂的筛选与合成及活性分子模拟设计技术；五是提高脲酶抑制剂和硝化抑制剂稳定性，并延长其保存时间；六是提高稳定性氮肥和复混肥生产工艺技术等[22]。

目前，我国土壤肥料科研人员通过十几年的不断努力，筛选了国外大量的抑制剂，以适应我国土壤条件和气候条件，并且进行了大量科学研究，在抑制剂组合使用方面取得了很大进展[12]。但稳定性肥料所使用的各类抑制剂大部分来自发达国家，并且我国与发达国家在抑制剂的研究上仍然存在很大差距，因此，如何又快又有效地引进国外先进的抑制剂品种和技术，并结合我国的土壤条件和气候环境条件，研制适合我国农业生产的抑制剂产品，使其发挥稳定性肥料的经济效应和环境效应，仍是我国当前面前的巨大挑战[12]。

9.3　稳定性肥料施用方法

稳定性肥料产品既可以作底肥或基肥施用，又可以作追肥施用，施用的时候一定要结合当地种植结构及方式、常规用肥习惯进行施用。一定要注意，当稳定性肥料以复合肥形式出现的时候，多为作物专用肥料，施用的时候通常采用一次性施肥方式。又因为稳定性肥料目前大多为高氮型肥料，在施用的时候，一定要注意种肥隔开，且间隔距离不少于7厘米。当在保水保肥性差的沙土地施用时，由于漏肥严重，施用后要再适当追施氮肥。

试验研究表明，稳定性肥料在玉米上施用时可以一次性施用并且后期免追肥，在比常规施肥减少20％施用量的情况下不减产，以25～55千克/亩作底肥一次性在打垄前施到垄底，或者用播种机在播种时一起施入（注意种肥隔离）[24]。

稳定性肥料施用注意事项如下：

（1）避免产生烧苗　稳定性肥料目前大多为高氮型肥料，其溶解速度快、氮含量高，作为种肥施用时，虽然可以减小对种子或幼苗的伤害，但仍要避免烧苗现象，施用时注意种子与肥料间隔不少于7厘米。

（2）因地制宜施用　稳定性肥料产品既可以作底肥或基肥施用，又可以作追肥施用，施用的时候一定要结合当地种植结构及方式、农户常规用肥习惯推荐用量。

（3）配施其他肥料　稳定性肥料在施用的时候，要根据作物生长状况，配合有机肥和微量元素肥料一起施用，以保持养分均衡，避免缺素症出现。

（4）明确土壤条件　稳定性肥料对不同土壤类型有不同的效果，盐碱地和旱地要谨慎施用，以免造成烧苗；沙土地由于漏肥严重，不建议施用，以免后期脱肥，造成减产，若要施用，则施用后要再适当追施氮肥。

总之，稳定性肥料的实质就是在普通肥料的基础上添加了一种肥料增效剂（脲酶抑制剂或硝化抑制剂或两者都加入），以达到肥料养分缓慢释放的效果。值得注意的是，在施用时一定要结合当地种植结构、施肥习惯、土壤性质、农业机械等，因地制宜，适时推广[20]。

9.4 稳定性肥料施用效果

稳定性肥料既可以作底肥或基肥施用，又可以作追肥施用，目前大多为高氮型肥料，多为作物专用肥料，主要应用在大田作物和一些生长周期较长的蔬菜和果树上。据统计，稳定性肥料已在我国水稻、玉米、小麦、苹果、香蕉等 12 种作物上进行示范推广，累计推广面积已达 3 亿亩，减少化肥投入 64 亿元，累计增收粮食 72 亿千克[21,25]。有田间试验表明，在水稻上施用稳定性肥料可以平均增产 6.5%，在玉米上施用稳定性肥料可以平均增产 9.8%，在小麦上施用稳定性肥料可以平均增长 11.2%；农民每亩可以增收 180 元左右[21,25]，并且在主要作物上实现一次性施肥且免追肥，省时省工，节约了大量的生产成本。

9.4.1 等养分条件下稳定性肥料增产效果

等养分条件下，稳定性肥料能明显提升作物产量。相关试验表明，在等常规施肥养分情况下，施用稳定性肥料不同地区可以产生不同增产效果，在华北地区，平均增产 16.3%，增产效果最佳；在西南地区，平均增产 13.4%，增产效果次之；在华东和西北地区，平均增产 8.7%左右，增产效果居中；在华南、华中和东北地区，平均增产 5.0%～7.0%，增产效果较小[25-26]。从全国水平来看，稳定性肥料对作物的增产率平均达到 8.54%。与常规施肥等养分的稳定性肥料施用后，在各个地区均能产生明显的增产效果，完全可以代替常规施肥[25-26]。

（1）稳定性肥料在玉米上的施肥效果　与常规施肥相比，稳定性肥料在河北夏玉米上的应用效果表明，玉米穗更长、籽粒更饱满，增产率可达到 7.9%；稳定性肥料在河南夏玉米的应用结果表明，玉米增产 10.2%，每亩增收 89.5 元；稳定性肥料在黑龙江春玉米上一次性施入的结果表明，每亩增产 82.3 千克，增产 14.5% 左右[21]。另外，6 种稳定性玉米专用肥料一次性作基肥底施且不追肥，采用种肥同播条侧深施、种间侧深穴施、种肥同穴底施三种施肥方式，结果表明，不同肥料品种和施肥技术对玉米穗出籽率影响显著，同种稳定性玉米专用肥料采用不同施肥方式对玉米籽粒产量影响很大。其中，采用种肥同播条施技术表现出明显的增产优势。因此，若要充分发挥稳定性尿素肥料的增产潜力，选择适合的施肥方式非常重要[1,27-28]。

（2）稳定性肥料在水稻上的施肥效果　同常规施肥相比，在湖南双季稻上施用稳定性肥料后，可使早稻平均增产 41.4 千克/亩、增收 94.8 元/亩，晚稻平均增产 35.0~72.7 千克/亩、增收 37.2~135.3 元/亩；在辽宁水稻上施用稳定性肥料后，氮素利用率提高 4.8%~6.0%[21]。此外，施肥方式对施用效果也会产生一定的影响。水稻机械化侧深施肥技术是指在水稻机械插秧的同时，将高效稳定性颗粒肥料按照种植的需要一次性均匀地施于秧苗一侧一定深度土壤中的施肥方式。水稻机械化侧深施肥技术可以使水稻均匀定量地吸收肥料，减少化肥施用量，特别是氮肥施用量，从而实现水稻稳产、高产[29]。与常规施肥方式相比，高效稳定性大颗粒尿素侧深施可提高肥料利用率 5%~10%，有效穗数较常规增加 30~50 穗/米^2，较常规增产 8%[1,27-28]。

9.4.2　减施肥条件下稳定性肥料增产效果

相关学者研究表明，减施 20% 养分情况下，稳定性肥料相对于常规施肥处理，在西南地区的平均增产效果最佳，为 10.4%；华东、华北地区次之，平均增产为 6.3% 和 8.4%；华南、华中、西北和东北地区平均增产很小，为 0.09%~1.78%。从全国平均来看，减施 20% 养分情况下，稳定性肥料处理相对于常规施肥处理的作物平均增产率为 3.1%，说明减施 20% 稳定性肥料在各个区域均不会减产，80％稳定性肥料处理施肥模式完全可以替代常规施肥模式，在减少肥料施用量的同时还能降低环境污染风险[25-26]。

参 考 文 献

[1] 张民，等. 新型缓控释肥料与稳定性肥料地创制与应用［M］. 北京：科学出版社，2022.

[2] 赵秉强，等. 新型肥料［M］. 北京：科学出版社，2013.

[3] 中华人民共和国工业和信息化部. 稳定性肥料：HG/T 4135—2010［S］. 北京：化学工业出版社，2011.

[4] 沙志鹏. 农田 NH_3 减排潜力及稳定性氮肥保氮控失效应研究［D］. 北京：中国农业大学，2021：8-11.

[5] 石元亮，等. 长效复合肥地发展现状与前景预测［J］. 科技成果，2004，13：4-7.

[6] 张洋，李雅颖，郑宁国，等. 生物硝化抑制剂的抑制原理及其研究进展［J］. 江苏农业科学，2019，47（1）：21-26.

[7] 胡军. 生物硝化抑制剂在农业中的应用效果研究［D］. 南京：南京农业大学，2014：25-30.

[8] 陆景陵. 植物营养学（上册）：第2版［M］. 北京：中国农业大学出版社，2003.

[9] 侯震东. 硝化抑制剂硫脲对硝化过程的抑制特性研究［D］. 太原：太原理工大学，2016：8-14.

[10] 洪湘琼. 双氰胺及其应用简介［J］. 化学教学，2013（7）：76-78.

[11] 郭长青. 硝化抑制剂评价方法与新型硝化抑制剂合成及应用效果研究［D］. 沈阳：沈阳农业大学，2021：9-14.

[12] 隽英华，陈利军，武志杰，等. 脲酶/硝化抑制剂在土壤 N 转化过程中的作用［J］. 土壤通报，2007（4）：773-780.

[13] 田发祥，纪雄辉，官迪，等. 氮肥增效剂的研究进展［J］. 杂交水稻，2020，35：7-13.

[14] 刘贺静. 脲酶抑制剂保氮控损和增产增效潜力研究［D］. 北京：中国农业大学，2022：1-8.

[15] 石元亮. 缓释长效肥的现状与前景［C］//第二届中国农资发展论坛论

文集，2008.

[16] 康莉，周文生，侯翠红，等 . 脲酶抑制剂的研究综述 [J]. 河南化工，2009，26：9-10.

[17] 王小彬，辛景峰，GRANT C A，等 . 尿素与脲酶抑制剂配用对春小麦植株氮吸收的影响 [J]. 干旱地区农业研究，1998，16（3）：6-9.

[18] 罗斌 . 我国缓控释肥料的研究现状与展望 [J]. 化肥设计，2010，48：58-60.

[19] 段立松 . 氨酸法工艺在复合肥料生产中的应用 [J]. 磷肥与复肥，2009，24：53-55.

[20] 石元亮 . 农业生产中的控释与稳定肥料 [M]. 北京：科学出版社，2002.

[21] 崔德杰 . 新型肥料及其应用技术 [M]. 北京：化学工业出版社，2017.

[22] 武志杰，石元亮，李东坡，等 . 稳定性肥料发展与展望 [J]. 植物营养与肥料学报，2017，23（6）：1614-1621.

[23] 李思平，刘蕊，刘家欢，等 . 稳定性肥料产业发展创新及展望 [J]. 现代化工，2022，42（11）：1-8.

[24] 卢宗云 . 稳定性肥料或广泛作用于新型施肥栽培技术 [J]. 中国农资，2020（35）：9.

[25] 石晓雨 . 稳定性肥料对中国不同区域作物的增产节肥效果 [D]. 沈阳：沈阳农业大学，2020.

[26] 张蕾，王玲莉，房娜娜，等 . 稳定性肥料在中国不同区域的施用效果及施用量 [J]. 植物营养与肥料学报，2021，27（2）：215-230.

[27] 孙志梅，武志杰，陈利军，等 . 硝化抑制剂的施用效果、影响因素及其评价 [J]. 应用生态学报，2008，19（7）：1611-1618.

[28] MUNEER A. 脲酶抑制剂减少氮肥损失和提高氮肥利用率效应研究 [D]. 杨凌：西北农林科技大学，2018.

[29] 夏艳涛，吴亚晶 . 寒地水稻侧深施肥技术研究 [J]. 北方水稻，2014，44（1）：30-33.

第 10 章　生物刺激素

10.1　生物刺激素概述

什么是生物刺激素？欧盟、美国及我国定义略有差异，相同的是生物刺激素更多强调农业功能，很少关注其组成与作物机理。如全球生物刺激素强调应用在植物上，能促进一系列的生理过程，表现为促根、促长、增产、提质、抗逆等。不同的是欧美生物刺激素不同于农药和肥料，自成体系，而我国大部分按肥料来登记。

欧盟生物刺激素定义：生物刺激素是应用在植物和根际上，能够刺激作物自然过程来促进养分吸收、提高养分效率、增加作物对非生物胁迫的抵抗能力和提升作物品质的一类物质或微生物。生物刺激素不具备直接防御害虫的能力，因此不属于农药范畴[1]。随后欧洲生物刺激素工业协会（EBIC）详细阐明了生物刺激素的定义：生物刺激素能够促进作物全生育期的生长发育，从种子萌发到作物成熟，包括但不限于通过促进新陈代谢效率来增加作物产量和提升作物品质；增加作物对非生物胁迫抵抗能力；促进养分吸收、运输、应用；提升农产品品质，包括糖浓度、色泽、种子等；提高水分利用效率；提升特定的土壤理化性状，并补充土壤微生物[1]。虽然生物刺激素包含一些营养类物质，但其作用机制并不是通过直接的营养功能[1]。可见欧盟生物刺激素既不属于化肥也不属于农药。

美国生物刺激素定义：应用在作物、种子、土壤或其他部位上，能够促进作物吸收养分，或对作物发育有益的一类物质的总称，包括微生物。生物刺激素来源于自然或生物，其作用主要体现在：①少量就能够促进作物生长发育；②提高养分吸收效率，表现为促进养分吸收或/和减少养分损失；③作为土壤改良剂改善土壤结构、功能[2]。

10.2　生物刺激素发展

2011 年 6 月，10 家公司发起成立了 EBIC。目前，EBIC 已经包含了 30 多家公司并且数量还在增加。

2011 年 7 月，美国的企业也成立了一个生物刺激素联盟，目前已有 15 家企业加入。

2012 年 Patrick du Jardin 教授出版了 *The science of plant biostimulants a bibliographic analysis* 一书，第一次对生物刺激素的组成进行分类，对各类别功能进行阐述，指出生物刺激素包括以下几类：腐植酸、复杂的有机材料、有益化学元素、无机盐（包括亚磷酸盐）、海藻提取物、甲壳素和壳聚糖衍生物、抗蒸腾剂、游离氨基酸和其他不含氮物质。如黄铁矿（FeS_2）可以作为种子生物刺激素[3]。

2015 年以前，学术上对生物刺激素重点关注 5 类，分别是微生物菌剂、腐植酸和黄腐酸、氨基酸和水解蛋白类、海藻提取物。2015 年至今，学术和产业上更关注结构和功能更清晰的壳寡糖、褐藻寡糖、维生素、小分子肽、虾青素等物质。

10.3　全球生物刺激素登记情况

欧盟生物刺激素登记：植物强壮剂（生物刺激素）属于一种介于肥料和农药之间的产品。生物刺激素（植物强壮剂）不属于农药，因为它们对有害生物没有直接的作用效果和机理，只能增强植物的耐性和抗性；生物刺激素也不属于肥料，因为它们不具有直接给植物提供养分的功能，但它们可以是植物重要组成成分，例如叶绿素、水杨酸等的合成前体物质以及构成成分。因此，生物刺激素在欧洲没有通行的登记法规。有些国家自主设有管理法规，但不同国家规定不同。欧盟委员会起草过一个"低风险的植物强壮剂登记资料要求"草案（SANCO/1003/2001），这个草案并没有要求各个国家统一法规。意大利登记为植物强壮剂，该类产品包括根际细菌、菌根类真菌、藻类提取物、氨基酸和多肽类物质；德国和奥地利登记为植物抗性改良剂；荷兰登记为特殊农药；西班牙登记为保护植物卫生的其他物质；法国登记为农业添加剂。

以成分明确的五大类产品进行对比，按照我国农业农村部的登记法规要求汇总如表 10-1 所示：

表 10-1　生物刺激素、新型肥料及生物农药的主要成分对比

产品类别	生物刺激素	新型肥料	生物农药
腐植酸类物质	腐植酸类物质	含腐植酸水溶肥料（腐植酸、大量元素）	腐植酸铜
海藻提取物	海藻提取物	有机水溶肥料（有机质、大量元素、中微量元素）	海藻激素（美国）海藻寡糖（法国）
游离氨基酸及蛋白肽	游离氨基酸蛋白肽（如鱼蛋白）	含氨基酸水溶肥料（游离氨基酸、微量或中量元素）有机水溶肥料（有机质、大量元素）	氨基酸盐、氨基酸衍生物 抗菌蛋白、多肽类
甲壳素类	甲壳素和壳聚糖	有机水溶肥料（有机质、大量元素）	氨基寡糖素
有益微生物	有益微生物	微生物菌剂、微生物肥料、复合微生物肥料（大量元素和有机质）	微生物菌剂

按照法律上的严格定义来讲，生物刺激素这类新产品在我国可

以说还没有一个明确的登记地位。其中大多数产品是以新型肥料的名义登记。大多微生物产品是以微生物菌剂和微生物肥料的形式登记。个别产品，如氨基寡糖素、蛋白（多肽）等产品以农药的名义进行登记。

我国生物刺激素以微生物菌剂、有机水溶肥料方式登记为主；含生物刺激素的肥料以复合微生物肥料、含腐植酸水溶肥料、含氨基酸水溶肥料、土壤调理剂、含中量元素肥料方式登记。

10.4　微生物类生物刺激素

10.4.1　定义

微生物类生物刺激素分为两种，一类为生物农药，按农药进行登记；另一类为生物肥料，可作为生物刺激素，按菌剂或复合微生物肥料登记。

生物肥料是指含有活体有益微生物的一类有机物质，用作种肥、土施或叶面喷施。功能表现为 3 个方面：一是促进土壤养分供给，二是增加根系生物量和根系面积，三是增强作物养分吸收能力。微生物菌剂包括：细菌、真菌、丛枝菌根真菌。生物肥料当中，研究最深入的是植物根际促生菌［Plant growth - promoting rhizobacteria（PGPR）］和植物促生细菌［Plant growth - promoting bacteria（PGPB）］，它们都是从根际分离得到的促生菌。

10.4.2　作用机制及应用效果

10.4.2.1　微生物制剂促进作物养分吸收和作物生长

（1）固氮　固氮螺菌属研究最多，如 ^{15}N 示踪小麦试验表明，固氮螺菌属能够提供 7%～12% 氮营养；在甘蔗上，固氮螺菌能提供 60%～80% 氮营养。

（2）溶磷　微生物通过分泌有机酸（作用羟基和羧基）和产生磷酸酶活化磷营养。60% 土壤有机磷是肌醇六磷酸盐，需要通过磷酸酶脱磷酸作用后才能被植物直接吸收利用。

（3）解钾　胶质芽孢杆菌、巨大芽孢杆菌分泌有机酸（柠檬酸、草酸、酒石酸、琥珀酸等），通过溶解岩石钾或螯合硅离子来溶解钾。

（4）微量元素　文献报道假单胞菌、不动杆菌属、固氮螺菌属、芽孢杆菌、丛枝菌根能提高作物对锌、铜、钙、镁、硫营养吸收。门多萨假单胞菌和丛枝菌根混合可以显著提高生菜铁、钙、锰营养吸收量。细菌在铁浓度较低的环境中生长，铁载体捕获游离Fe（Ⅲ）并运输至细胞。有文献研究表明，恶臭假单胞菌能增加水稻籽粒铁浓度。

（5）根系形态　微生物制剂通过增加根量、根表面积、毛细根方式来提高养分截获能力。

（6）代谢产物　有研究表明微生物代谢产物 2,3 -丁二醇和羟基丁酮能够促进拟南芥生长。

10.4.2.2　微生物制剂促进激素合成

（1）生长素　不同微生物产生生长素机制不同。固氮螺菌通过根系渗出液调控生长素合成，当根系渗出液减少并影响微生物生长时，微生物增加生长素产出量，从而促进侧根和毛细根生成。在水稻、小麦、生菜上，有应用固氮螺菌、气单胞菌属、丛毛单胞菌属促进作物生长的报道。

（2）细胞分裂素　枯草芽孢杆菌能够增加根部和地上部细胞分裂素浓度，增加根部和地上部生物量达 30%。地衣芽孢杆菌可促进黄瓜细胞分裂、叶绿素浓度增加、叶片大小和鲜重增加。在干旱地区应用可产生细胞分裂素的微生物肥料是一个非常值得探索的方向。

（3）赤霉素　固氮螺菌属不同菌株可以产生不同的赤霉素；芽孢杆菌属、醋菌属、草螺菌属促进类赤霉素物质产生。

（4）乙烯　乙烯除了作为促熟激素外，也有其他功能，如促进种子萌发、细胞扩增、叶片和花衰老。乙烯生物合成需要受 1 -氨基环丙基-1 -羧酸（ACC）合成酶催化，因此通过调节 ACC 合成酶可以调控植物体中乙烯含量。植物通过根系分泌 ACC，ACC 被微生物分解后产生 ACC 脱氨酶，根际 ACC 浓度降低会导致根系分泌更多的 ACC，这会导致植物体内的 ACC 浓度降低，从而降低植物体中乙烯含量，增加作物对逆境的抵抗能力，如涝害、有机物和重金属毒害、高盐、干旱和病害胁迫等。

10.4.2.3　微生物制剂增加作物对干旱和盐碱的抵抗能力

（1）微生物通过代谢激素类物质，缓解作物干旱胁迫　在干旱胁迫条件下，吲哚乙酸促生菌（恶臭假单胞菌和巨大芽孢杆菌）增加作物地上地下生物量和含水量。接种巴西固氮螺菌的植物，脱落酸浓度显著高于未接种植物，脱落酸能提高植物抗旱能力。接种假单胞菌能产生 ACC 脱氨酶，它能水解植物体内生物合成乙烯的直接前体 ACC，产生羟基丁酸和氨，阻止乙烯的释放，从而影响干旱胁迫下豌豆的生长、成熟和产量。接种丛枝菌根真菌，诱导脱落酸合成，增强植物抗干旱和盐碱的能力。

（2）菌根提升作物抗旱和抗逆性　丛枝菌根真菌扩大根系吸收范围，使作物吸收水分更加容易。微生物通过改变某些生理特性和促进某些酶活性，尤其是植物抗氧化相关酶类，提升作物抗逆性。丛枝菌根菌丝通过产生球囊霉素（一种不溶的胶体）改良土壤结构。

10.5　腐植酸

10.5.1　定义

腐植酸是动植物遗骸经过微生物的分解和转化，以及地球化学的一系列过程造成和积累起来的一类有机物质，呈褐色，相对分子质量在 400～100 000，含有丰富的官能团，如羧基、酚羟基、甲氧基、酰胺基等。这些官能团决定了腐植酸的酸度、吸收容量及与无机物形成有机-无机复合物的能力。

腐植酸是高相对分子质量化合物，能够可逆地被分解为低浓度的单、二及三羟基的酸。目前，发现根系分泌的有机酸具有两亲特性，能把腐植酸分解为低相对分子质量和高相对分子质量化合物。

腐植酸相对分子质量大小决定了它的功能，低相对分子质量腐植酸具有类激素活性功能，高相对分子质量腐植酸对土壤结构的形成起着重要作用。

10.5.2 作用机制及应用效果

10.5.2.1 促进养分吸收

有研究报道腐植酸能促进氮、磷、钾、钙、镁、铜、铁、锌吸收，降低钠吸收，促进中等盐胁迫下氮、磷、钾、钙、镁、硫、锰、铜吸收。

10.5.2.2 增加作物对非生物胁迫的抵抗能力

（1）抗盐机理　降低土壤电导率，减少植物中脯氨酸渗漏，降低作物根系和地下部盐浓度，促进营养生长和开花，降低植物体脱落酸累积。

（2）抗旱机理　诱导根系和叶片过氧化酶活性，以降低过氧化氢浓度，维持细胞膜透性；增加脯氨酸浓度。

腐植酸对苹果轮纹病菌的抑制率达到 85.3%[4]。

10.5.2.3 腐植酸调节作物的生理和代谢

（1）影响土壤和根系　改善土壤结构和提升土壤肥力，影响养分吸收和根系结构。腐植酸与根系直接互作，碳 14 示踪研究表明，腐植酸处理 3 小时后可显著增加细胞数量，18 小时后腐植酸片段成为细胞壁的可溶性成分。大部分腐植酸片段与细胞壁紧紧地结合在一起，能够被植物吸收，而另一些能够转移到地上部。直接吸收的腐植酸将影响植物代谢。当然，能够起到代谢作用的腐植酸受到来源、浓度和相对分子质量大小的影响。腐植酸具有类似生长素的作用，如通过细胞分裂促进侧根生长；腐植酸还能增加根系细胞ATP 酶活性，来增加根面积。以上功能是因为腐植酸在根际具有疏水作用，能够促进植物有类似生长素类物质释放，促进根系生长。腐植酸肥料促进黄瓜、番茄生长发育，提高产量[5]。

（2）影响植物基因表达与代谢　蛋白质组分析显示，应用腐植酸影响玉米根系 42 个蛋白基因的表达，这些蛋白基因与能量、代谢和细胞运输有关，这表明腐植酸影响根系生长与蔗糖代谢、苹果酸酶、ATP 酶和细胞支架蛋白类途径有关。应用腐植酸 30 天后，拟南芥干重和叶绿素浓度显著增加；应用腐植酸 1 天后，处理和对照基因表达无变化；应用 3 天后，根部 366 个基因、地上部 720 个基因表达受到影响；应用 30 天后，根部无基因、地上部 102 个基因表达受到影响。

（3）促进活性氧类产生　Berbara 等[6]研究认为，应用腐植酸使得水稻根系产生活性氧类物质。活性氧中，尤其是 H_2O_2 的产生受腐植酸浓度的影响，中等浓度的腐植酸所产生的活性氧不会引起脂质过氧化反应，其结果是促进侧根形成及作物生长。相反，高浓度的腐植酸能提高活性氧水平，并引起脂质过氧化反应，从而影响植物根系的生长和发育。

10.6　黄腐酸

10.6.1　定义

黄腐酸是一种溶于水的灰黑色或红棕色粉末物质，既溶于酸又溶于碱。研究发现黄腐酸相对分子质量较低，与腐植酸相比，其分子结构中含有的碳较少、氧较多，且其酸性官能团（—COOH）的含量也高于腐植酸，因此具有较强的吸收和阳离子交换能力，此外，黄腐酸含有的酮羰基和羟基的数量也高于腐植酸，因此相对于腐植酸，其在水溶液中具有较强的酸性。黄腐酸具有螯合和活化阳离子的作用，包括铁和铝离子。由于黄腐酸相对分子质量较小，可以通过生物或人工膜系统的微孔（腐植酸不能）。黄腐酸这种螯合阳离子（如铁）和跨膜运输的功能与自然当中铁及其他养分的移动和跨膜运输相似。在土壤溶液中，黄腐酸能忍耐较高盐离子浓度、较高和较低 pH。因此，黄腐酸与根系互作持效期较长。

黄腐酸结构中含有大量酚羟基、羧基等基团，因而可与氧化物、金属离子和包括有毒有害物质在内的有机物发生相互作用，从而影响这些物质的环境化学行为，包括有机物的化学降解、光解、生物吸收、迁移及挥发等。

10.6.2 应用效果

10.6.2.1 黄腐酸促进作物生长、增产、养分吸收

具体如表 10-2 所示。

表 10-2 黄腐酸作用

作物	效果	文献出处
番茄	增加侧根长和根量	Dobbss 等，2007[7]
番茄	促进地上部生长	Lulakis 和 Petsas，1995[8]
黄瓜	提高 N、P、K、Ca、Mg、Cu、Fe 和 Zn 含量	Rauthan 和 Schnitzer，1981[9]
黄瓜	开花量增多	Rauthan 和 Schnitzer，1981[9]
西瓜	提高可溶性固形物含量	贾文红，2015[10]
胡椒	提高可溶性固形物、总酚、糖、辣椒素、类胡萝卜素含量	Aminifard 等，2012[11]
柠檬	增加单果重、果个，提高果汁 pH、维生素 C 含量	Sánchez-Sánchez 等，2002[12]
玉米	提高 N 含量	Eyheraguibel 等，2008[13]
小麦	提高 P 含量	Xu，1986[14]
玉米	提高根长	Lulakis 和 Petsas，1995[8]；Eyheraguibel 等，2008[13]
玉米	叶面喷施提高生物量	王泽平，2021[15]
小麦、玉米	增加地上部干物质量	Anjum 等，2011[16]；Eyheraguibel 等，2008[13]
小麦、玉米	干旱叶喷增产	Xu，1986[14]；Anjum 等，2011[16]
	提高叶绿素含量，增强植物的光合作用	卢林纲，2001[17]

10.6.2.2 黄腐酸增加作物对非生物胁迫的抵抗能力

（1）抗旱 黄腐酸促进干旱胁迫下玉米生长（株高、叶面积、

地上部干重）和产量（穗粒数、千粒重）。

（2）盐离子胁迫　我国部分土壤硒含量较高，影响作物生长，在土壤高硒浓度下，黄腐酸能缓解植物片萎蔫、叶片褪绿和枯萎。山毛榉在富铝土壤上，应用黄腐酸可增加其对钙离子吸收，黄腐酸可以固定铝离子，防止植物吸收。黄腐酸还能缓解玉米铝毒对根系生长的抑制。黄腐酸防止因过量施用富含稀土元素肥料对土壤环境造成的污染。黄腐酸抑制铅毒，在蚕豆上试验表明，低浓度黄腐酸能固定游离的 Pb^{2+}，增加蚕豆铅吸收，但不会造成铅毒；高浓度黄腐酸，使蚕豆铅吸收和铅毒都显著降低。

10.6.2.3　黄腐酸调节作物的生理和代谢

在玉米上，黄腐酸能增加净光合速率、蒸发率、胞间二氧化碳浓度；提高水分胁迫下和正常水分条件下脯氨酸浓度。大豆和黑麦草上应用黄腐酸，叶绿素浓度显著增加。黄腐酸具有类似生长素的作用，促进与生长相关的生理效应，如提高作物胞间 ATP 和葡萄糖-6-磷酸量。

10.7　水解蛋白和氨基酸

10.7.1　定义

（1）水解蛋白　指一类由多肽、动物和植物源氨基酸，以及单个氨基酸（如谷氨酸、谷氨酰胺、脯氨酸、甜菜碱等）的混合物组成的物质。生产工艺有酶解、化学分解及高温水解三种方法。

不同来源及生产工艺蛋白/肽和游离氨基酸浓度差别较大，分别为 $1\%\sim85\%$（w/w）和 $2\%\sim18\%$（w/w），主要氨基酸包括丙氨酸、精氨酸、甘氨酸、脯氨酸、谷氨酸、谷氨酰胺、亮氨酸、缬氨酸。角豆蛋白水解物氨基酸主要为谷氨酰胺和精氨酸，除了含有蛋白、多肽和自由氨基酸外，还含有其他促进作物生长的物质，如脂类、糖类、大量和微量元素、至少 6 种植物激素。如苜蓿蛋白水解产物游离氨基酸达到 1.9%（w/w），同时也含有大量元素、微量元素、类生长素和类赤霉素物质。Ertani 等[18]报道苜蓿蛋白水解产物含有植物生长调节剂（三十烷醇和吲哚乙酸）。Kauffman 等[19,20]动物源蛋白酶解产物含植物可利用氮 2%，游离氨基酸、多肽、核苷酸和脂肪酸 21.3% (w/v)、14.8%未知物，产品脂溶性部分能够产生 0.07% (v/v) 类生长素。

（2）氨基酸 指包含蛋白质合成和非蛋白氨基酸合成的 20 种结构不同的氨基酸组成的物质。大量研究证明，这些氨基酸能够提高植物对环境胁迫抵御能力或对新陈代谢信号传导有积极作用。

10.7.2 作用机制和应用效果

10.7.2.1 水解蛋白和氨基酸促进作物增产、养分吸收

具体如表 10-3 所示。

表 10-3 水解蛋白和氨基酸应用效果

作物	效果	文献出处
玉米	缺镁土壤，提高籽粒 N、P、K、Mg 浓度	Maini，2006[21]
棉花	促进生长发育及氮、磷、钾养分吸收利用	许猛，2018[22]
黄瓜	提高 N、P、K、Ca、Mg、Cu、Fe 和 Zn 含量	Rauthan 和 Schnitzer，1981[23]
番茄	株高和花量、果数和单果重	Koukounararas 等，2013[24]
木瓜	1 个月喷一次增产 22%	Gajc-Wolska 等，2012[25]
花椰菜	促进植物生长发育，提高产量	黄继川等，2018[26]
胡萝卜	降低硝酸盐浓度	Gajc-Wolska 等，2012[25]

10.7.2.2 水解蛋白和氨基酸增加作物对生物胁迫和非生物胁迫的抵抗能力

（1）高温 高温胁迫之前，对多年生黑麦草的叶面喷施动物源水解蛋白能提高光化学效率和细胞膜的完整性。甜菜碱、脯氨酸作为渗透调节物质，能稳定高盐和非生理温度下蛋白结构、酶和细胞膜结构。

（2）盐胁迫 Ertani 等[27]研究表明，苜蓿水解产物增加盐胁迫下水培玉米的生物量，降低抗氧化酶活性和酚类物质的合成，增

加叶脯氨酸和类黄酮含量，增加苯丙氨酸氨裂解酶活性和盐胁迫相对应的基因表达（转录因子、膜运输、活性氧簇基因）。

在生物胁迫和非生物胁迫条件下，精氨酸在植物氮储运过程中起重要作用。β-氨基丁酸和 λ-氨基丁酸作为内源信号分子来增加植物对生物胁迫和非生物胁迫的抵抗能力。Shang 等[28]在桃上应用 λ-氨基丁酸能增加采后桃抗冻能力，同时增加内源 λ-氨基丁酸和脯氨酸积累。

10.7.2.3　水解蛋白和氨基酸调节作物的生理和代谢

生理反应表现为促进碳、氮代谢，增加氮同化。水解动物蛋白增加了玉米谷氨酸脱氢酶、硝酸还原酶和苹果酸酶活性。水解苜蓿蛋白能增加水培玉米三羧酸循环过程中 3 个酶活性（苹果酸酶、异柠檬酸脱氢酶、柠檬酸合酶）和氮还原同化相关的 5 个酶活性（硝酸还原酶、亚硝酸还原酶、谷氨酰胺合成酶、谷氨酸合成酶、天门冬氨酸转氨酶）。同时，促进三羧酸循环酶、硝酸还原酶和天冬酰胺合成酶基因表达。Ertani 等[27]报道动物源水解蛋白也有相似的作用机制。

10.7.2.4　水解蛋白和氨基酸降低重金属毒害

机理：水解蛋白和氨基酸能诱导植物体脯氨酸积累。脯氨酸起渗透调节作用，可以抵消因重金属导致的水分亏缺；脯氨酸能够螯合植物细胞内和木质部中的金属离子，还可以作为抗氧化剂，清除因植物吸收重金属形成的自由基。

氨基酸（天冬酰胺、谷氨酰胺和半胱氨酸）以及多肽类（如谷胱甘肽和植物螯合肽）对 Zn、Ni、Cu、As 和 Cd 有较强的螯合能力。

10.8　甲壳素、壳聚糖及壳寡糖

10.8.1　定义

甲壳素，又名甲壳质、几丁质，是一种天然有机高分子多糖，广泛分布在自然界虾、蟹的甲壳以及昆虫的甲壳和一些真菌的细胞壁及植物的细胞壁中。将蟹、虾等甲壳类动物壳干燥、粉碎、水洗并经与稀盐酸、稀氢氧化钠加热处理等工序，得到甲壳素。

壳聚糖，又名可溶性甲壳素、脱乙酰甲壳质、聚氨基葡萄糖，是通过将自然界广泛存在的几丁质（甲壳素）进行脱乙酰作用得到的一种天然多糖。

壳寡糖，又名壳聚寡糖、低聚壳聚糖，是将壳聚糖经特殊的生物酶技术［也有使用化学降解（冰醋酸和亚硝酸钠）、微波降解技术］降解得到的一种聚合度为 2～20 的寡糖产品，是水溶性较好、功能作用大、生物活性高的低相对分子质量产品。

10.8.2 作用机制及应用效果

10.8.2.1 促进植物愈伤组织形成

甲壳素、壳聚糖类能够诱导植物产生抗病性，促进作物生长，打破受逆境胁迫的生长障碍，恢复长势、抗旱、抗冻、抗病害、抗病毒，并且具有愈合伤口恢复生长的能力。研究发现，甲壳胺及甲壳胺低聚糖添加处理与空白对照相比，对甘蓝叶片形成愈伤组织的促进效果分别为对照的 1.2 倍和 1.5 倍。

10.8.2.2 促进植物生长

壳聚糖及壳寡糖能有效促进植物根、茎、叶的生长，可以提高作物的产量，改善作物的品质。壳聚糖对于植物的氮代谢具有特别的调节功能。由于甲壳素及壳聚糖含有丰富的 C 和 N 元素，被微生物分解利用后可以作为养分供植物生长，同时甲壳素可以改善土壤中的微生物体系，抑制放线菌等病原菌的生长，促进有益微生物的生长，同时还能改善土壤的团粒结构。

10.8.2.3 壳聚糖及壳寡糖果蔬保鲜剂

壳聚糖或壳寡糖喷洒在果蔬表面，可以形成一层膜，这层半透膜对 O_2 的通透性比 CO_2 的通透性高，可以有效控制膜内 O_2 的浓度远低于 CO_2 的浓度，降低多酚氧化酶的活性，减少单宁的氧化。而高浓度 CO_2、低浓度 O_2 的情况可以抑制呼吸作用，可以有效减少果肉组织中维生素 C 等营养物质的消耗和水分的挥发，延长果蔬的储存期。

10.8.2.4　壳聚糖及壳寡糖广谱抗菌性

　　壳聚糖及壳寡糖壳聚糖的分子链上具有带正电的取代基——NH_3^+。细菌的细胞通常带负电荷，一方面，壳聚糖/壳寡糖可以通过 NH_3^+ 吸附在细菌细胞壁表面，形成一层高分子膜，改变细菌细胞膜的渗透性，阻止营养物质的进入，使细胞质壁分离，从而杀死细菌；另一方面，壳聚糖/壳寡糖也可渗入细菌细胞内部，和细胞内带负电的细胞质结合，发生絮凝作用，从而杀死细菌。

10.8.2.5　壳聚糖及壳寡糖抗病

　　机理 1：使植物壳多糖酶（chitinase）活性化。植物本身具有分解甲壳质和甲壳胺的酶，即壳多糖酶。当细胞壁上具有甲壳质和甲壳胺的病原菌侵袭植物时，能诱导植物壳多糖酶以防止病原菌等进入植物体内，故认为甲壳胺具有防止病原菌侵染的作用。通过应用甲壳胺或其系列衍生物处理，使植物体内的壳多糖酶被激活。因而可利用这种手段人为地提高植物自身的防卫机能，提高植物对病原菌的抵抗力。

　　机理 2：诱导产生植物抗毒素。植物抗毒素是当病原菌入侵植物体内时，寄主植物细胞中合成或被活化的抗菌性物质的总称。其浓度在 10～50 纳克/毫升便能阻害众多病原菌的繁殖。Alan 等报道了甲壳胺及其诱导体对未熟豌豆荚的植保素诱导作用和对两种镰刀菌繁殖的阻害效果，证明甲壳胺及七糖以上的甲壳胺低聚糖在诱导产生植保素。Walker Simmons 等[29]证明低相对分子质量的甲壳胺比高相对分子质量甲壳胺具有更强的诱导植物抗毒素效果。Hadwiger 等[30]提出了关于植物自身防卫机制的作用原理，认为甲壳胺进入病原菌的细胞内，阻碍病原菌从 DNA 向 RNA 的转录，从而也就阻碍了病原菌的增殖。Albershelm[31]等研究表明壳寡糖对番茄早疫病、黄瓜白粉病、棉花黄萎病、大豆病毒病、辣椒病毒病、木瓜病毒病等均有很好的预防效果。

10.8.2.6　壳聚糖及壳寡糖抗寒

　　壳聚糖及壳寡糖可以提高作物在低温环境下的抗逆性，在低温环境下植物首先受到伤害的部位为细胞膜，膜流动性降低，会造成细胞质外渗，而且植物体内往往积累大量活性氧，引起细胞膜的过氧化，产生丙二醛进一步伤害细胞。壳聚糖及壳寡糖可以提高可溶性蛋白和可溶性糖等抗寒性物质的含量，降低膜脂过氧化水平和膜透性的增加程度，维持作物较高的光合作用强度，可以有效抵御低温对作物的伤害。

10.9 海藻提取物及褐藻寡糖

10.9.1 定义

海藻提取物是以天然海藻为主要原料，经物理压榨、生化提取工艺或生物酶解后，再配以一定比例的氮、磷、钾以及微量元素或其他有机肥原料，加工制成的农用生物肥料。海藻肥特别富含易被作物吸收的、以有机态存在的营养元素、海藻激素类物质和矿物质元素等活性海藻营养调节物质，能促进作物根系发育，提高光合作用效率，起增产、抗逆、提高产品质量和改良土壤的作用。海藻提取类产品包括海藻有机生物肥料、海藻复合肥、海藻有机-无机复混肥料、海藻大量元素肥料、海藻中量元素肥料、海藻微量元素肥料、海藻有机液肥、海藻微生物菌肥等。

褐藻寡糖是通过酶解的方法，把海藻酸进行定向切割而形成的由 2～8 个单糖组成的寡糖。

10.9.2 分类

10.9.2.1 糖类、矿质营养和微量元素

（1）海藻多糖 海藻，尤其是红藻和褐藻，含有一种陆地植物所不具备的物质——海藻多糖。

（2）海藻酸盐 由 D-甘露糖醛酸（M）和 L-古罗糖醛酸（G），以 β-(1，4)-糖苷键连接而成的共聚物。糖链结构可以是 M-M、G-G，也可以是 M-G。

褐藻酸盐/海藻多糖功能如下：直接或通过菌根真菌间接促进

根系生长。诱发作物防御机制。λ-角叉菜胶通过茉莉酸途径对拟南芥核盘菌做出响应；海带多糖是一类具有 β-(1，6) 分支的 (1，3)-β-D-葡聚糖，通过诱导植物产生抗菌抗毒素进行防御响应。诱导作物病原防卫基因表达。海藻多糖，如石莼聚糖、海藻酸盐、岩藻多糖、海带多糖、角叉菜胶以及分解产生的低聚糖/寡糖，能够诱导细胞活性氧爆发，并能激发陆地植物水杨酸、茉莉酸或乙烯信号通路，该通路能促进抗真菌、细菌、病毒病原相关蛋白的表达，促进防御酶表达，来促进具有抗菌能力的苯丙烷类化合物、萜类、生物碱类的合成。如海带多糖可诱导病程相关蛋白的基因表达，从而抑制病原菌微生物的活性。

10.9.2.2　天然激素及类激素物质

（1）细胞分裂素　Hussein 和 Boney[32] 报道鲜海藻中含有细胞分裂素，Brain 等[33] 在海藻提取物中也发现了细胞分裂素的存在。海藻中细胞分裂素以玉米素、玉米素核苷、二氢玉米素、二氢玉米素核苷、异戊烯基腺嘌呤等形式存在。应用液相色谱-质谱分析法对 31 种海藻细胞分裂素检测结果表明，玉米素和异戊烯基腺嘌呤是最主要的两种细胞分裂素类物质。海藻提取物也包括芳香类细胞分裂素，如苯甲基氨基嘌呤。

（2）生长素　海藻含有丰富的生长素和生长素类似物。Crouch 等[34] 应用液相色谱-质谱分析法检测到海藻提取物中含有丰富的吲哚类混合物。Kingman 和 Moore[35] 研究表明，每克干泡叶藻提取物中吲哚乙酸含量达到 50 毫克。其他藻类，如红藻也含有丰富的生长素，但含量较低。高等植物的生长素以活性较低的羟基、多糖、氨基酸或多肽类缀合物形式存在，通过水解转化为自由高活性的生长素。Stirk 等[36] 发现昆布含有 4 种氨基酸和 3 种吲哚轭合物。此外，Buggeln 和 Craigie[37] 在泡叶藻、墨角藻和其他类海藻的碱解水解物中发现类生长素物质存在。

（3）脱落酸　Hussain 和 Boney（1969）把掌状海带和泡叶藻提取物应用在生菜上，结果表明该提取物含有水溶性生长抑制因子，能够抑制生菜下胚轴生长。通过生物测定、薄层层析法和气相液相层析法，确定这类生长抑制因子与脱落酸非常相似。同样，绿藻和泡叶藻中也含有脱落酸。同时，海藻提取物中还含有赤霉素和乙烯。

10.9.2.3 甜菜碱及甜菜碱类物质

在植物当中，甜菜碱充当相容性溶质，可以减轻因盐和干旱胁迫导致的渗透压力；提高叶片叶绿素浓度，减缓叶绿素分解。海藻中甜菜碱通过提高叶片叶绿素浓度，从而增加多种作物产量。当甜菜碱浓度较低时，可以作为氮源促进作物生长；当甜菜碱浓度较高时，可以作为渗透剂，起到渗透调节作用。甜菜碱还可以促进茶叶子叶胚形成和种子成熟。

10.9.2.4 芸薹素内酯和独脚金内酯

芸薹素内酯对植物的开花、生长、抗逆性及先天免疫系统有促进作用。独脚金内酯促进特定寄生植物种子萌发，可作为植物逆境胁迫调节剂（干旱、盐、养分）。泡叶藻和公牛藻混合提取物抗根肿菌、小菌核病、白锈病。

10.9.3 作用机制及应用效果

10.9.3.1 改良土壤

海藻多糖和海藻有机质可作为土壤改良剂，改善土壤结构，增加土壤通气性、保水能力、有益微生物浓度，提高土壤肥力和作物生产力。

10.9.3.2 促进作物生长和养分吸收

（1）促进根系生长 海藻提取物一个重要功能就是促进作物根系生长，在玉米、冬油菜、番茄、草莓、葡萄上均有报道。海藻提取物促根功能主要表现在：提高根系生物量，增加根系活力，降低移栽苗休眠时间，增加根系生物量与地上生物量比例，促进侧根生长、总根量和根长。

（2）促进种子萌发 促进种子萌发在生菜、番茄、辣椒、茄子、豆类等作物上得到验证。

（3）促进矿质养分吸收 海藻提取物作为螯合剂，可促进养分吸收，提高矿质营养利用效率。促进养分吸收机理，一是改善土壤，促进根系吸收养分，表现为：①改善土壤结构，褐藻中含有丰富的多糖醛酸苷，如海藻多糖和岩藻多糖。这些多糖的胶凝作用和螯合能力，使其成为农业、食品加工和医药工业上的重要原料。②提高土壤微量元素溶解性，海藻细胞壁上富含海藻酸盐，该盐为混合盐类，螯合大量阳离子，如 Na、Ca、Mg、K 和一些微量元素。③改变根系形态。④促进丛枝菌根繁殖和土壤微生物活性，褐藻提取物的某些化学成分能诱导有益土壤真菌的生长和根部定殖，海藻酸能促进丛枝菌根的伸长和菌丝的生长，从而改善植物磷营养状况。⑤海藻提取物中含有一种维生素 K_1 的衍生物，能够改变质膜质子泵并诱导 H^+ 分泌到质外体中，引起根际酸化。二是促进相关基因表达：①海藻提取物能够调节影响作物养分吸收的相关基因表达。例如，泡叶藻提取物能使硝酸盐转运蛋白基因 *NRT1.1* 表达上调，来改善氮传感和生长素运输，以促进侧根生长和氮同化。②根瘤菌促进豆科植物根部形成根瘤，将大气中的氮气转化为作物能利用的氨供给植物吸收利用。马尾藻提取物促进苜蓿中华根瘤菌在苜蓿根系产生很多固氮的根瘤。马尾藻提取物能激活细菌 *NodC* 基因的表达，通过类似类黄酮类物质木犀草素的作用，在细菌-植物信号传导中发挥重要作用。

10.9.3.3　促进地上部生长

海藻提取物促进地上部生长表现为：①促进光合作用；②增加地上部养分供应；③促进根部和叶片对矿质养分的吸收。海藻提取物能够促进根部和叶片对矿质养分吸收。施用海藻肥可以促进蔬菜植株生长，提高叶片叶绿素含量，提高产量[38]。

10.9.3.4　促进增产

海藻提取物促进植物早开花和结果。该现象机理可能是通过早期促进植物生长，使生育期提前。海藻提取物中的激素类物质是促增产的另一原因。植物组织中的细胞分裂素与养分分配有关，而在生殖器官中，高浓度的细胞分裂素与养分转移相关。应用海藻提取物处理的番茄果实中细胞分裂素显著高于对照处理。孙焱等研究表明海藻酸可以显著提高生菜产量[39]。

10.9.3.5 促进作物新陈代谢和生理调节

海藻提取物影响植物的生理功能。海藻提取物影响供试植物的全基因表达谱，还能影响植物代谢组。褐藻提取物能增加菠菜相关代谢调节酶的转录物丰度，如氮代谢（如细胞内谷氨酰胺合成酶）、抗氧化能力（谷胱甘肽还原酶）、甜菜碱合成（甜菜碱醛脱氢酶和胆碱单氧化酶），这些酶类能够增加可溶性蛋白、酚类和黄酮类物质的浓度及抗氧化特性。褐藻的次生代谢产物黄酮类物质在植物生长及植物与环境互作中发挥重要作用，如对紫外线及其他生物胁迫和非生物胁迫的响应。查尔酮异构酶是黄烷酮前体和苯丙素植物防御复合物的生物合成中的关键酶，应用褐藻提取物后，该酶活性显著增加。

10.9.3.6 促进光合作用

海藻提取物能够提高作物叶片叶绿素浓度，在葡萄和草莓等作物上已经被验证。叶绿素浓度增加主要因为褐藻提取物促进叶绿素合成、减缓叶片叶绿素降解、延迟叶绿素衰老。甘氨酸甜菜碱通过缓解叶绿体中叶绿素降解速率，来延长光合作用。应用泡叶藻提取物后，植物抗衰老相关的半胱氨酸蛋白酶被下调，而与光合作用、细胞代谢、抗逆反应、S 和 N 代谢相关的基因的表达显著上调。细胞分裂素对叶绿体和叶绿体分裂具有保护作用。海藻提取物中含有细胞分裂素活性物质，且能促进植物体内源细胞分裂素合成。朱迎春等[40]的研究发现海藻酸水溶肥能够显著提高光合色素的含量。

10.9.3.7 提高农产品品质及储存期

在菠菜上应用泡叶藻提取物后，不但使菠菜储存品质提升，而且菠菜叶中黄酮类合成和营养成分也得到提升。收获前第 7 天和第 14 天两次处理菠菜，能够显著提高黄酮类物质浓度。同样，泡叶藻提取物能显著提高橄榄的产量、品质和营养成分含量。叶喷泡叶藻提取物结合底施氮和硼，能够显著提高橄榄叶片中钾、铁、铜的浓度，同时降低锰的浓度。泡叶藻提取物还改变了橄榄油的脂肪酸谱，显著增加了亚麻酸、油酸浓度，并显著降低棕榈油酸、硬脂酸和亚油酸的浓度。

海藻提取物除了能够提高品质外，还能增加鳄梨和梨的采后保存期。海藻提取物能够提高卷心菜、马铃薯和洋葱酚类物质浓度。应用泡叶藻提取物 3～10 升/公顷，1 个月 1 次，显著增加作物中酚类和黄酮类物质含量。

果实采后应用海藻提取物，可以延长保存期。在采收后的脐橙上喷施海藻提取物（马尾藻、海带和泡叶藻的混合提取物），可以显著增加常温或低温条件下橙子的储存期和品质，效果优于 $CaCl_2$ 处理，4% 的海藻提取物能够显著增加可溶性固形物、总糖和还原糖含量，而海藻提取物和 $CaCl_2$ 对果腐病的作用无差别。

10.9.3.8　提高作物对生物胁迫和非生物胁迫的抵抗能力

目前，防止非生物胁迫的措施有限，海藻提取物因含诸多活性物质，能够提高逆境条件下作物性能。喷施海藻提取物能够显著提高作物对冻害的抵抗能力，如应用泡叶藻提取物显著提高葡萄抗冻能力，降低了叶片的渗透势（渗透胁迫指示指标）。泡叶藻提取物处理 9 天后，对照的渗透压为 -1.51 兆帕，而处理的渗透压为 -1.57 兆帕。设施条件下，在蔬菜、花卉、草坪上应用泡叶藻提取物可延迟萎蔫、降低用水量、增加叶片含水量、促进因干旱导致萎蔫的作物恢复。在巴旦木上滴灌泡叶藻提取物，两周一次，能够有效缓解正午枝条水势的降低。此外，有报道称泡叶藻提取物能促进高温胁迫下生菜秧苗生长。

（1）盐胁迫　海藻提取物促进含盐地块草地早熟禾成活，在土壤盐渍度为 0.15 西/米条件下，应用海藻提取物能显著促进草坪地上部和地下部生长，其抗盐机理为海藻提取物能显著降低植物组织对钠离子的累积。

（2）热胁迫　海藻提取物能够促进植物抗高温，在匍匐剪股颖上已被验证，这种表现可能是和海藻提取物中类细胞分裂素物质有关，也和海藻提取物促进钾离子吸收有关。

10.10 生物刺激素发展趋势

近年来，生物刺激素产业发展迅速，生物刺激素得到广泛的推广和应用，在农业生产中发挥出越来越重要的作用。

未来生物刺激素行业的发展将会更加灵活，企业需要努力追求技术创新和跨界合作，做好服务链管理、客户关系维护和技术创新等工作，以抢占市场份额，获得更多的发展机遇。一些针对特定作物性状并且具有最佳功效的生物活性物质会进入生物刺激素行业。

我国的生物刺激素已经成为一种日益著名的农业增效剂，它可以在农业生产中发挥积极作用，如提高农作物的产量、缩短农作物的生长周期、改善农作物的抗病能力和品质等。在农业技术和政策创新的指导下，我国生物刺激素将更好地服务于农业的高效发展；在竞争力方面，企业更加注重技术创新，并推出更多以服务用户为目标的创新产品，从而更好地满足用户的需求。因此，随着农业生产的发展，我国的生物刺激素市场正在迎来新的发展机遇，我国生物刺激素行业有良好的发展前景。

───────── 参 考 文 献 ─────────

[1] European Biostimulants Industry Council. EBIC and biostimulants in brief [EB/OL]. http://www. biostimulants. eu/ (2012a).

[2] Biostimulant Coalition. What are biostimulants? [EB/OL]. http://www. biostimulant coalition. org/about/2013.

[3] Jardin P D. The science of plant biostimulants a bibliographic analysis [J]. european commission, 2012. DOI: http://hdl. handle. net/2268/169257.

[4] WEI S P, LI G L, LI P F, et al. Molecular level changes during suppression of Rhizoctonia solani growth by humic substances and relationships with chemical structure [J]. Ecotoxicology and Environmental Safety, 2021, 209: 111749.

[5] 王宁宁. 四种新型肥料对日光温室栽培番茄和黄瓜肥效的研究 [D]. 沈

阳：沈阳农业大学，2018.

［6］ BERBARA R L L，GARCÍA A C. Humic substances and plant defense metabolism. In：Ahmad P，Wani MR（eds）Physiological mechanisms and adaptation strategies in plants under changing enviornoment：volume I ［M］. New York：Springer Science＋Business Media，2014：297－319.

［7］ DOBBSS，L B，et al. Changes in root development of arabidopsis promoted by organic matter from oxisols ［J］. Annals of Applied Biology，2007 （151）：199－211.

［8］ LULAKIS M D，PETSAS S I. Effect of humic substances from vine－canes mature compost on tomato seedling growth ［J］. Bioresource Technology，1995，54（2）：179－182.

［9］ RAUTHAN B S，SCHNITZER M. Effects of a Soil Fulvic Acid on the Growth and Nutrient Content of Cucumber（*Cucumis sativus*）Plants ［J］. Plant and Soil，1981，63：491－495.

［10］ 贾文红. 不同新型肥料对设施小果型西瓜产量及品质的影响 ［J］. 中国瓜菜，2015，28（6）：47－50.

［11］ AMINIFARD M，AROIEE H，NEMATI H，et al. Fulvic acid affects pepper antioxidant activity and fruit quality ［J］. African Journal of Biotechnology，2012，11（68）：13179－13185.

［12］ SÁNCHEZ－SÁNCHEZ A，SÁNCHEZ－ANDREU J，JUÁREZ M，et al. Humic substances and amino acids improve effectiveness of chelate FeEDDHA in lemon trees ［J］. Journal of Plant Nutrition，2002（25）：2433－2442.

［13］ EYHERAGUIBEL B，SILVESTER J，MORARD P. Effects of humic substances derived from organic waste enhancement on the growth and mineral nutrition of maize ［J］. Bioresource Technology，2008：4202－4212.

［14］ XU X D. The effect of foliar application of fulvic acid on water use，nutrient uptake and yieldin wheat ［J］. Australian Journal of Agricultural Research，1986，37：343－350.

［15］ 王泽平，许恒，史秋哲，等. 叶面喷施生物刺激素对夏玉米产量及养分吸收的影响 ［J］. 河南科学，2021，39（9）：1411－1416.

［16］ ANJUM S A，WANG L，FAROOQ M，et al. Fulvic acid application improves the maize performance under well－watered and drought conditions [J]. Journal of Agronomy and Crop Science，2011，197（6）：409－417.

[17] 卢林纲. 黄腐酸及其在农业上的应用 [J]. 现代化农业，2001（5）：9－10.

[18] ERTANI A，SCHIAVON M，MUSCOLO A，et al. Alfalfa plant－derived biostimulant stimulate short－term growth of salt stressed Zea mays L. plants [J]. Plant and Soil，2013，364（1－2）：145－158.

[19] KAUFFMAN G L，KNEIVEL D P，WATSCHKE T L. Growth regulator activity of Macro－Sorb® Foliar in vitro [J]. PGRSA Q，2005（33）：134－141.

[20] KAUFFMAN G L，KNEIVAL D P，WATSCHKE T L. Effects of biostimulant on the heat tolerance associated with photosynthetic capacity，membrane thermostability，and polphenol production of perennial ryegrass [J]. Crop Science，2007（47）：261－267.

[21] MAINI P，2006. The experience of the first biostimulant，based on aminoacids and peptides：a short retrospective review on the laboratory researches and the practical results. Fertilitas Agrorum，1：29－43.

[22] 许猛，袁亮，李伟，等. 复合氨基酸肥料增效剂对新疆棉花生长、产量和养分利用的影响 [J]. 中国土壤与肥料，2018（4）：87－92.

[23] RAUTHAN B，SCHNITZER M. Effects of a soil fulvic acid on the growth and nutrient content of cucumber（Cucumis sativus）plants [J]. Plant and soil，1981，63（3）：491－495.

[24] KOUKOUNARAS A，TSOUVALTZIS P，SIOMOS A S. Effect of root and foliar application of amino acids on the growth and yield of greenhouse tomato in different fertilization levels [J]. Journal of Food Agriculture and Environment，2013，11（2）：644－648.

[25] GAJC－WOLSKA J，KOWALCZYK K，NOWECKA M，et al. Effect of organic－mineral fertilizers on the yield and quality of endive（Cichorium endivia L.）[J]. Acta scientiarum Polonorum. Hortorum cultus＝Ogrodnictwo，2012，11（3）. DOI：http：//dx. doi. org/.

[26] 黄继川，彭智平，涂玉婷，等. 氨基酸肥料对花椰菜产量和品质的影响研究 [J]. 中国农学通报，2018，34（34）：42－46.

[27] ERTANI A, PIZZEGHELIO D, ALTISSIMO A, et al. Use of meat hydrolyzate derived from tanning residues as plant biostimulant for hydroponically grown maize. Journal of Plant Nutrition and Soil Science, 2013 (176): 287 - 296.

[28] SHANG H T, CAO S F, YANG Z F, et al. Effect of exogenous γ - aminobutyric acid treatment on proline accumulation and chilling injury in peach fruit after long - term cold storage [J]. Journal of Agricultural and Food Chemistry, 2011, 59: 1264 - 1268.

[29] WALKER - SIMMONS M, HADWIGER L, RYAN C A. Chitosans and pectic polysaccharides both induce the accumulation of the antifungal phytoalexin pisatin in pea pods and antinutrient proteinase inhibitors in tomato leaves [J]. Biochem Biophys Res Commun, 1983, 110 (1): 194 - 199.

[30] HADWIGER L A. Chitosan polymer sizes effective in inducing phytoalexin accumulation and fungal suppression are verified with synthesized oligomers [J]. Molecular Plant - Microbe Interactions, 1994, 7 (4): 531.

[31] ALBERSHEIM, P. Concerning the structure and biosynthesis of the primary cell walls of plants. International Review of Biochemistry, 1978 (16): 127 - 150.

[32] HUSSAIN A, BONEY A D. Isolation of kinin - like substances from Laminaria digitata [J]. Nature, 1969 (223): 504 - 505.

[33] BRAIN K R, CHALOPIN M C, TURNER T D, et al. Cytokinin activity of commercial aqueous seaweed extract [J]. Plant Science, 1973: 241 - 245.

[34] CROUCH I J, SMITH M T, VAN STADEN J, et al. Identification of auxins in a commercial seaweed concentrates [J]. Plant Physiol, 1992 (139): 590 - 594.

[35] KINGMAN A R, MOORE J. Isolation, purification and quantification of several growth regulating substances in Ascophyllum nodosum (Phaeophyta) [J]. Bot Mar, 1982, 25: 149 - 153.

[36] STIRK W A, ARTHUR G D, LOURENS A F, et al. Changes in cytokinin and auxin concentrations in seaweed concentrates when stored at an elevated temperature [J]. Journal of Applied Phycology, 2004, 16: 31 - 39.

［37］BUGGELN R G，CRAIGIE J S. Evaluation of evidence for the presence of indole‐3‐acetic acid in marine algae ［J］. Planta，1971，97：173‐178.

［38］王强，石伟勇. 海藻肥对番茄生长的影响及其机理研究 ［J］. 浙江农业科学，2003（2）：67‐70.

［39］孙焱，徐青霞，成军. 新型肥料在生菜上的应用效果试验报告 ［J］. 安徽农学通报，2011，17（20）：49‐50.

［40］朱迎春，安国林，李卫华，等. 海藻酸水溶肥对西瓜生长及产量的影响［J］. 果树学报，2020，37（12）：1898‐1906.